科学+

像古生物学家
一样思考

恐龙绝响

苗德岁 著

青岛出版集团 ｜ 青岛出版社

图书在版编目（CIP）数据

恐龙绝响 / 苗德岁著 . — 青岛 ：青岛出版社，
2024.4
　（像古生物学家一样思考 ；3）
　ISBN 978-7-5736-2093-4

　Ⅰ . ①恐… Ⅱ . ①苗… Ⅲ . ①恐龙－青少年读物
Ⅳ . ① Q915.864-49

　中国国家版本馆 CIP 数据核字（2024）第 055912 号

XIANG GUSHENGWUXUEJIA YIYANG SIKAO

书　　　　名	像古生物学家一样思考
分　册　名	恐龙绝响
著　　　者	苗德岁
出 版 发 行	青岛出版社
社　　　址	青岛市崂山区海尔路 182 号（266061）
本 社 网 址	http://www.qdpub.com
策　　　划	连建军　魏晓曦
责 任 编 辑	宋华丽　张旭辉
特 约 编 辑	施　婧
美 术 总 监	袁　堃
美 术 编 辑	孙　琦　李　青
印　　　刷	青岛海蓝印刷有限责任公司
出 版 日 期	2024 年 4 月第 1 版　2024 年 4 月第 1 次印刷
开　　　本	16 开（715mm×1010mm）
总 印 张	66
总 字 数	720 千
书　　　号	ISBN 978-7-5736-2093-4
定　　　价	398.00 元（全六册）

编校印装质量、盗版监督服务电话：4006532017　0532-68068050
建议陈列类别：少儿 / 科普

书中自有新天地

送给能静心读书的你

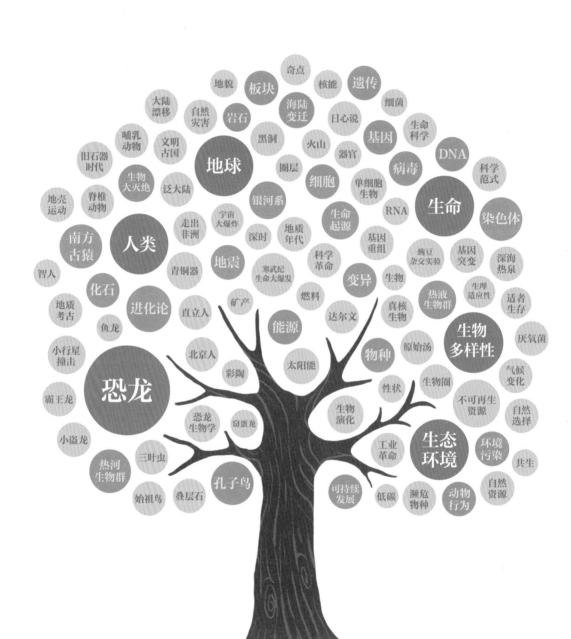

总 序

沈树忠

中国科学院院士、地层古生物学家

我与苗德岁先生相识 20 多年了。2001 年，我从澳大利亚被引进中国科学院南京地质古生物研究所，就常从金玉玕院士那里听说他。金老师形容他才华横溢，中英文都很棒，很有文采。后来，我分别在与张弥曼、周忠和等多位院士的接触中对他有了更多了解，听到的多是赞赏有加，也有惋惜之意，觉得苗德岁如果在国内发展，必成中国古生物界栋梁之材。

2006 年到 2015 年，我担任现代古生物学和地层学国家重点实验室主任时，实验室有一本英文学术刊物《远古世界》，我是主编之一。苗德岁不仅是该刊编委，而且应邀担任英文编辑，我们之间有了更多的合作和交流。我逐渐地称他"老苗"，时常请他帮忙给我的稿子润色，因为他既懂英文，又懂古生物，特别能理解我们中国人写的古生物稿子。我很幸运认识了老苗。

老苗其实没有比我大几岁，但在我的心中，他总是像上一辈的长者，因为他的同事都是老一辈古生物学家，是我的老师们。

近年来，老苗转向了科普著作的翻译和写作，让人感觉突然变得一日千里，他的文笔、英文功底都得到了充分发挥，翻译、科普著作、翻译心得等层出不穷。我印象最深的是他翻译了达尔文在 1859 年发表的巨著《物种起源》，感觉他对达尔文的认知已经远远超出了文字本身的含义，他对达尔文的思想和探索精神也有深刻的理解。

我从事地质工作最初并不是自己喜欢的选择。1978 年，我报考了浙江燃料化工学校的化工机械专业，由于选择了志愿"服从分配"，被招生老师招到了浙江煤炭学校地质专业。当时，我回家与好朋友在一起时都不好意思提自己的专业——地质专业当年被认为是最艰苦的行业，地质队员"天当房，地当床，野菜野果当干粮"的生活方式让家长和年轻人唯恐避之不及。

中专毕业以后，我被分配到煤矿工作，通过两年的自学考取了研究生，从此真正地开始了地球科学的研究。宇宙、太阳系、地球、化石、生命演化等词汇逐步变成我的专业语汇。我一开始到了野外，对采集到的化石很好奇，还谈不上对专业的热爱，慢慢地才认识到地球科学充满了神奇。如果我们把层层叠叠的岩石露头（指岩石、地层及矿床露出地表的部分）比作一本书的话，那么岩石里面所含的化石就是书中残缺不全的文字；地质古生物学家像福尔摩斯探案一样，通过解读这些化石来破译地球生命的历史，回顾地球的过去，并预测地球的未来。

光阴似箭，转眼间40年过去了，我从一个学生成为一位"老者"。随着我国经济实力的增强，地球科学的研究方式也与以往不可同日而语。由于地球科学无国界，我不但跑遍了祖国的高山大川，还经常去国外开展野外工作。实际上，越是美丽的地方、没人去的原野，往往越是我们地质工作者要去的地方。

近些年来，野外的生活成了城市居民每年都在盼望的时光，他们期盼到大自然最美的地方去度假。相比而言，这样的活动却是我们地质工作者的日常工作。每逢与老同学聊天、相聚，他们都对我的工作羡慕不已。就像英国博物学家达尔文当年乘坐"贝格尔号"去南美旅行一样，过去"贵族"所从事的职业成了如今地质工作者的日常工作。

40多年的工作经历使我深深地感受到，地球科学是最综合的科学之一，从数理化到天（文）地（理）生（物）的知识都需要了解。地球上的大陆都是在移动的，经历了分散—聚合—再分散的过程，并且与内部的物质不断地循环，火山喷发就是其中的一种方式。地球的温度、水、大气中的氧含量等都在不停地变化，地球还有不断变化的磁场保护我们。地球生命约40亿年的演化充满了曲折和灾难，有生命大爆发，也有生物大灭绝，要解开这些谜团，我们需要了解地球；而近年来随着对火星、月球的探索加强，我们更加觉得宇宙广阔无垠，除了地球，还有更多需要我们了解的东西。

我小时候能接触到的优秀科普书籍极少，因而十分羡慕现在的青少年，能够有幸阅读到像苗德岁先生这样的专家学者为他们量身打造的科普读物。苗德岁先生的专业背景、文字水平和讲故事能力，使这套书格外地与众不同。希望小读者们在学习科学知识的同时，也学习到前辈科学家孜孜不懈地追求真理的科学精神。

给少年朋友的话

苗德岁

　　唐朝大诗人李白有一首名诗《把酒问月》，他一开头就好奇地问道："青天有月来几时？我今停杯一问之。"其后诗中又有一句："今人不见古时月，今月曾经照古人。"由此可见，被誉为"诗仙"的李白，是一个对世界充满好奇心的人。他不仅内心充满童趣，而且极富想象力。他如果生在现代，也可能会成为一名优秀的科学家。

　　循着李白的思路，或许我们同样可以说："恐龙不见今时月，今月曾经照恐龙。"在恐龙灭绝几千万年后，人类才姗姗来到这颗星球上，在我们当中（包括研究恐龙的古生物学家在内），谁也未曾见过活蹦乱跳的恐龙。也许只有天上的那轮明月曾经照见恐龙千姿百态的生活。那么，你们或许要问："古生物学家究竟是如何认识和了解恐龙的？他们又如何探索恐龙时代发生过的远古往事呢？"

简单来说，古生物学家通过研究恐龙及同时代其他生物死后所保存下来的大量化石，重建恐龙时代的史前故事。当然，正如《地球史诗》一书所介绍的，中生代地层中的许多其他证据也有助于我们解读恐龙时代的远古历史。

我们将探讨当恐龙来到地球上的时候，它们一开始看到了何等景象？它们是如何成为统治地球陆地长达1.6亿年的超级霸主的？它们又是如何逐步走向衰落并最终灭绝的？恐龙的故事不仅是地球生命史上辉煌壮丽的一章，也给今天的我们带来无尽的遐思和深刻的感悟。

在本书中，请大家跟我一道，做一次穿越时空的大旅行，去一睹2.3亿年前至6600万年前的地球景观和生命风采，并深入了解恐龙时代的那些事儿。

目录

二 两亿多年前的霸主

三 古生物学家眼里的恐龙

四 恐龙研究在中国

五 恐龙化石争夺战

尾声 恐龙与文学艺术

附录

恐龙是一类神奇的史前爬行动物。恐龙研究最为神奇之处在于，它们早已灭绝了，咱们谁也未曾见过活着的恐龙——只有它们的骨骼变成的化石还在。

长期以来，古生物学家一直不懈地研究恐龙，中外科幻作家也常常把它们作为创作素材——正因为它们不存在了，才给想象与虚构提供了更广阔的空间。

自好莱坞大片《侏罗纪公园》问世以来，各种跟恐龙有关的娱乐产品风靡全球。恐龙早已成为青少年最熟悉的史前动物之一。

且慢，你们真的那么了解恐龙吗？

一　恐龙到底是什么

恐龙的来历

约 40 年前，我随马尔科姆·麦肯纳教授走进位于纽约中央公园西 79 街的美国自然历史博物馆，在恐龙展厅看到乌泱泱一群儿童围着霸王龙骨架，他们手舞足蹈，兴奋不已。麦肯纳教授笑着对我说："瞧，每个孩子都有自己的恐龙梦！"

说实话，我小时候并没有过自己的恐龙梦，因为那时候我压根儿没听说过这类史前动物呢！

在我年少时（20世纪50年代），中国这方面的科普书籍很少，除了个别大城市，其他地方都没有陈列恐龙化石的自然博物馆。那时候，电视尚未普及，电影《侏罗纪公园》（*Jurassic Park*）要等几十年以后才上映。所幸我上大学时学的是地层古生物学专业，在同龄人中，算是有幸较早深入了解恐龙这类史前动物的少数人之一。

在我正式学习古生物学专业课之前，我读过的几本英语书里都提到了恐龙。其中一本是狄更斯的小说《荒凉山庄》（*Bleak House*），里面提到了斑龙（又称巨齿龙），它是英国最早发现的几种恐龙之一。

查尔斯·狄更斯（1812—1870）是公认第一个将恐龙写入小说的作家。

在《荒凉山庄》的开头，他写道："伦敦……无情的十一月天气。满街泥泞，好像洪水刚从大地上退去，如果这时遇到一条四十来英尺长的斑龙，像一只庞大的蜥蜴似的，摇摇摆摆爬上荷尔蓬山，那也不足为奇。"

在狄更斯生活的年代，人们对于"恐龙"和"古生物学"等新名词还知之甚少。图为19世纪中期的一幅斑龙想象图。

　　另一本是柯南·道尔在20世纪初写的科幻小说《失去的世界》（*The Lost World*）。书中写道，探险队员在人迹罕至、与世隔绝的南美洲高原上发现了一些史前动物，其中包括在世界其他地方早已灭绝的恐龙。探险队员想捉一只活的恐龙带回英国展览，结果受到了翼手龙（一种翼龙，不属于恐龙）的猛烈攻击，落荒而逃，最后未能如愿。

还有一本令我印象至深的英语学习教材，里面有一篇文章专门介绍英国医生吉迪恩·曼特尔发现和研究恐龙化石的故事。

曼特尔生活在 19 世纪上半叶，是英国最早的恐龙化石发现者之一。他在乡间行医时，偶然在路边的砂石坑里发现了一些很大、很奇怪的牙齿化石（也有说法认为是他妻子发现的）。经过仔细对比和研究，曼特尔医生认为这些牙齿属于古代巨大的爬行动物。这些牙齿跟鬣蜥的牙齿相似，只是大许多倍。因此，他将这种爬行动物命名为禽龙（*Iguanodon*），意思是"鬣蜥的牙齿"。

○ 禽龙复原图

在曼特尔医生发现禽龙的牙齿化石之前不久，牛津大学地质学家威廉·巴克兰研究了一批发现于牛津北郊约 20 千米处的骨化石（包括脊椎、肩部、臀部和后腿骨骼及带有牙齿的颌骨）。

巴克兰根据牙齿特征及后腿的大小比例，认为眼前的骨化石来自一种巨大的肉食性蜥蜴，因此将其命名为"巨大的蜥蜴"（*Megalosaurus*），也就是狄更斯在小说里提到的斑龙。

1841 年，英国最负盛名的脊椎动物解剖学家理查德·欧文发表了他所研究的英国所有爬行动物化石的专著。

○ 斑龙复原像

在书中，欧文首次对禽龙、斑龙等"巨型蜥蜴"化石进行归类，并命名为"Dinosaur"（源自希腊语），意思是"巨大得令人恐怖的蜥蜴"。后来一般将这个词翻译成"恐怖的蜥蜴"。

再后来，Dinosaur 一词传入中国时，当时的中国学者参照日本对该词的译法，将其翻译成"恐龙"。之所以使用"龙"这个词，或许是因为在中国古代传说中，龙的腿部形态与蜥蜴的腿部差不多。

欧文提出的 Dinosaur 这一名词实在是不同凡响，自 1841 年提出以来一直沿用至今，已经有 180 余年了。

需要指出的是，在中国，传说中的龙的形象是在中国乃至东亚各国悠久的龙文化历史中逐步形成并完善的，含有鹰爪、蛇身、鹿角、牛耳、鲤鳞、虎掌等多种元素。中国龙是一种想象出来的具有神性的动物，作为吉祥的象征，受到人们的崇拜。至今，中国人仍把自己视为"龙的传人"。

然而，恐龙确实是地球历史上真实存在过的爬行动物，留下了大量的化石证据；传说中的龙是一种文化意象。两者之间其实是风马牛

走近科学巨匠

理查德·欧文是 19 世纪英国著名解剖学家、古生物学家和博物学家。他最著名的发现是一类不同于现生爬行动物的史前爬行动物，并将其另外分类，命名为"恐龙"。欧文极力反对达尔文的生物演化论，曾匿名撰文批判《物种起源》。

龙是中国和中华民族的象征。在英语中，中国的龙翻译为"Loong"或"Chinese dragon"，而不是西方文化中的"dragon"。

不相及的。

此外，恐龙其实也不是蜥蜴。那么，恐龙到底是什么呢？

何为恐龙

首先说明一下：本书所讲的恐龙，严格地说应该称作"非鸟恐龙"（指不包括鸟类在内的恐龙），但为了简洁起见，我们暂时称之为恐龙；在后文，我们会专门讨论恐龙与鸟类之间的亲缘关系，并说明鸟类是恐龙的"嫡传后裔"（换句话说，鸟类是仍然活着的恐龙）。

在中生代，各种各样的"龙"太多了：天上有凌空飞翔的各种翼龙，海里有畅游击水的海龙、鱼龙和蛇颈龙等，陆地上有种类繁多、形态各异的恐龙，以及其他并非恐龙的"龙"……

事实上，那时候几乎所有的爬行动物都被称为"某某龙"，俨然是"群龙无首""龙满天下"的世界。

爬行动物是脊椎动物登陆以来演化出的首批真正的陆生脊椎动物，它们完全摆脱了水体的束缚，不再像两栖动物那样对水环境"若即若离"。这完全有赖于爬行动物演化出了带壳的羊膜卵。这样一来，爬行动物便可把蛋生在完全干燥的陆地上进行孵化，而无须像两栖动物（如青蛙）那样回到水里产卵，也不用像鱼儿

○ 恐龙世界复原图

那样在水里繁衍后代。因此，羊膜卵的出现，是脊椎动物演化过程中的一场革命。

具有羊膜卵的脊椎动物统称为羊膜动物，除了爬行动物，还包括鸟类与哺乳动物（含人类）。在爬行动物与鸟类的蛋壳里面，以及哺乳动物的胚胎外面，有一种叫作羊膜囊的特殊构造，里面充满了羊水，胚胎在孵化或出生之前，就在羊水里面生长发育。

爬行动物起源于3亿多年前的古生代晚期，繁盛于整个中生代，不但主宰了中生代地球陆

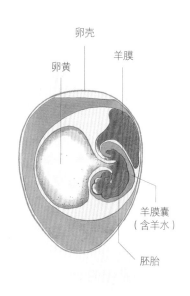

卵壳

卵黄

羊膜

羊膜囊
（含羊水）

胚胎

○ 羊膜卵结构图

地生态系统，而且一统当时的天空与海洋。因此，古生物学家又称中生代为"爬行动物的时代"。

如前所述，中生代的爬行动物常常被称为"龙"。但是，请记住：被称作"龙"的爬行动物，并非全是恐龙！

走出我的办公室不远，就进入了博物馆的古生物化石展厅。多年来，我不止一次地撞见来博物馆参观的小朋友正在纠正家长的认识误区，并认真地给父母普及有关恐龙的知识。

下面是我在博物馆遇到的典型场景：

"杰克，瞧那条恐龙，多厉害！"一位父亲指着展厅里的巨大的翼龙化石，对着他十来岁的儿子惊呼。

"得了吧，老爸——那是翼龙，不是恐龙！"儿子略得意地回答。

父亲的脸上露出一丝诧异，看到我佩戴着博物馆工作人员的标志走进展厅，便拉着儿子的手向我走来。

"请问翼龙是不是会飞的恐龙？"男孩的父亲问我。

"哦，先生，不是。翼龙会飞，是恐龙的近亲，但不是恐龙。"我答道。

"厉害啊，儿子！"父亲转身，惊喜地向儿子竖起了大拇指。

恐龙是一类特殊的爬行动物。与同时代其他称为"龙"的爬行动物不同，恐龙具有一些独特的骨骼特征（性状）：头骨后部有一个凹陷、颈椎上具有突起，是肌肉附着的地方——相比其他爬行动物，恐龙的颈部附着了更多的肌肉，以此实现脖子的灵活运动——很多恐龙都生有长脖子。

其他爬行动物的四肢向体外伸展，比如蜥蜴、鳄鱼等，它们行动起来像匍匐前行，故称作"爬行动物"。相比之下，恐龙的四肢像柱子一样立在身体的下方，而不像其他爬行动物那样向外伸展，因此可以说，恐龙像哺乳动物和鸵鸟那样能够完全直立行走。

对动物来说，怎样算是爬行？怎样算是直立行走？

此处我们说恐龙"直立行走"，是相对于现代爬行动物（如蜥蜴、鳄类）的匍匐前行方式而言的。此处的"直立行走"指动物的四肢位于身体正下方，像恐龙和哺乳动物的四肢那样，而不是位于身体两侧。

不过，在人类演化方面，我们通常说的"直立行走"是指人类只用后肢直立行走，将前肢从行走中"解放"出来，使我们的手有了更多用处。

请记住：恐龙只生活在中生代——随着中生代的结束，恐龙从地球上完全消失了。

再者，恐龙只生活在陆地上（个别可以生活在淡水中，如棘龙）。空中的翼龙以及海洋里各种各样的龙，都不是恐龙。

最后要记住：尽管很多恐龙体形庞大，然而，绝不能简单地以体形大小作为判断其是否为恐龙的标准——有些恐龙的体形很小，不少恐龙只有鸡或鸭那么大！

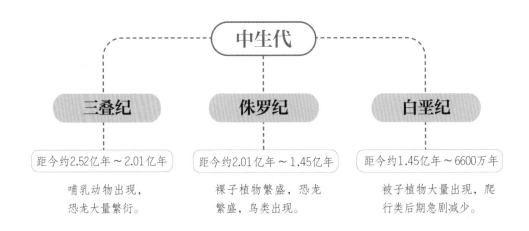

中生代

三叠纪	侏罗纪	白垩纪
距今约2.52亿年～2.01亿年	距今约2.01亿年～1.45亿年	距今约1.45亿年～6600万年
哺乳动物出现，恐龙大量繁衍。	裸子植物繁盛，恐龙繁盛，鸟类出现。	被子植物大量出现，爬行类后期急剧减少。

距今时间 （百万年）	地质年代			延续时间 （百万年）	生物发展的 阶段
	代	纪			
	新生代	第四纪		2.6	人类出现
2.6		新近纪		20.4	动植物都接近现代
23		古近纪		43	哺乳动物迅速繁衍，被子植物繁盛
66	中生代	白垩纪		79	被子植物大量出现，爬行类后期急剧减少
145		侏罗纪		56	裸子植物繁盛，恐龙繁盛，鸟类出现
201		三叠纪		51	哺乳动物出现，恐龙大量繁衍
252	古生代	二叠纪		47	松柏类开始发展
299		石炭纪		60	爬行动物出现
359		泥盆纪		60	裸子植物出现，昆虫和两栖动物出现
419		志留纪		24	蕨类植物出现，鱼类出现
444		奥陶纪		42	藻类广泛发育，海生无脊椎动物繁盛
485		寒武纪		56	海生无脊椎动物门类大量增加
541					
约4600	前寒武纪			约4059	细菌和藻类出现，无脊椎动物出现

○ 地质年代表

恐龙曾经统治地球上的陆地生态系统长达 1.6 亿年，它们的生存、繁衍及物种多样性组成了地球历史极为壮丽的篇章，之后却迅速走向灭绝。

恐龙的起源、形态与系统分类、地理分布及演化历史，是一百多年来全世界古生物学家努力研究的课题，也是公众普遍感兴趣的话题。

恐龙是自然博物馆里的明星，占据醒目的位置和大块的"地盘"，是许多青少年朋友最喜爱的史前动物。

在本章，我将向你们讲述史前地球霸主那些有趣的事儿。

二　两亿多年前的霸主

恐龙的起源

谈到恐龙的起源，我们必须回溯到中生代开始的时候，即三叠纪。这是恐龙"闪亮登场"之时，也是地球历史上最大的一次生物大灭绝（二叠纪末生物大灭绝事件）发生后不久。让我们先看一看那时地球上的情景吧。

在大约2.5亿年前的二叠纪末期，当时地球上超过90%的生物物种灭绝了，很多在"寒武纪生命大爆发"后出现的、一度十分繁盛的生物类群（如三叶虫），在全球环境迅速恶化的条件下销声匿迹。奇怪的是，一些在今天看来对环境变化比较敏感的两栖类和爬行类物种反而幸存下来。

凡事都具有两面性。一方面，二叠纪末生物大灭绝带来了地球生态系统的大崩溃；另一方面，生态系统大舞台由此腾出空来，给新出现的物种提供了"大显身手"的空间。

伴随着每一次生物大灭绝事件而来的，是此后迅速的生物大复苏，以及新的生物类型适应性辐射。而每一次生物大辐射都使地球上的生态系统迅速恢复元气并得以更新，带来新型生物大发展，生物多样性也变得愈加丰富。

在生物演化史上，整个生态系统的生物遭受大灭绝后，一般会经历一个生物复苏的阶段。新的生物类型适应了新的环境后，会变得异常繁荣，这种生物现象称为适应性辐射。

如果适应性辐射造成在较短时期内演化出众多新型生物种类的现象，那么，这一新型生物大发展的现象则称为生物大辐射。

此处的"辐射"一词由英语单词radiation翻译而来，意思是"绽放开"或"向各个方向发展"。

所谓"旧的不去，新的不来"，在生物演化过程中也是这样。

随着许多旧物种的灭绝，三叠纪早期的陆生脊椎动物的面貌焕然一新。除了跟现代的蛙类、蝾螈等类似的两栖动物，以爬行动物中的主龙类最为繁盛。

主龙类后来演化出两大分支：一支是四肢向体外伸展的爬行动物，比如我们熟悉的鳄鱼；另一支是四肢直立于腹部之下的、可以站立的恐龙类和鸟类的祖先，以及称霸中生代天空的翼龙类。

术语

主龙类（又称初龙类、祖龙类）原指"占统治地位的爬行动物"。在最早的恐龙出现之前，各种原始主龙类是地球上发展得非常繁盛的爬行动物。

术语

基干爬行动物是最古老的一类爬行动物，它们保留着两栖动物的某些特征，然而在头骨特征上属于典型的爬行动物。它们是后世爬行动物的祖先，在爬行动物的演化树上处于底端基干部位，故称基干爬行动物。

还有一些基干爬行动物，从中演化出了鳞龙类（如蜥蜴）及下孔类（也称"似哺乳类爬行动物"，如下氏兽、水龙兽等）。

因此，三叠纪是爬行动物大发展的时代，又称作"恐龙的黎明"。如果能够通过时间隧道穿越到三叠纪的话，你们准会发现：那时的地球跟现在这颗蓝色星球完全不一样！

在三叠纪的地球上，你们不仅看不到任何建筑物、高速公路或其他人类文明的产物，而且看不到你们所熟悉的各种生物——既听不到鸟语，也闻不到花香，更看不到百兽，连各个大陆的相对位置与分布也跟如今完全不一样。

○ 三叠纪生态景观复原图

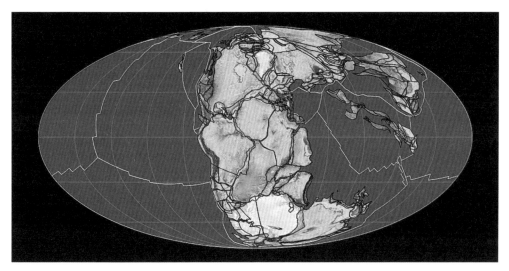

○ 中生代早期的"泛大陆"和"泛大洋"

　　我们现在所熟悉的七个大陆，那时候连成一块巨型古大陆，称作"泛大陆"（超级古陆或盘古大陆）；那时候，地球上也没有大西洋、太平洋、印度洋等的分别，围绕着"泛大陆"的是覆盖地球总面积三分之二以上的"泛大洋"，也就是说，地球上现在的海洋在那时是连成一片的。

　　在这种海陆格局之下，"泛大陆"上的环境主要分为三大类：

　　1. 靠近海洋的沿岸地区，生长着茂盛的马尾蕨、树蕨等，植物丛中昆虫飞舞，潮湿的地面上布满各种两栖动物及小型爬行动物，比如最早的鳄鱼、蜥蜴、龟鳖类等，还有"娇小"的哺乳动物的祖先们。

　　2. 靠近赤道的比较干旱、凉爽的地带，生长着高大的裸子植物（如松树、冷杉、苏铁）；除了昆虫和各种爬行动物，二齿兽一类的似哺乳类爬行动物也很常见。

3.“泛大陆”中心的广大沙漠地区，非常干旱、炎热，一些小型“似哺乳类爬行动物”及早期哺乳动物只好在地下穴居。

在这种极具多样性的复杂环境和气候条件下，形形色色的动植物得以繁衍和发展，二叠纪末生物大灭绝事件中的幸存者们经历了迅速的适应性辐射，占据了陆地上的各种生态环境，也为即将登场的恐龙提供了丰富的食物资源。

大约2.3亿年前，最初的恐龙闪亮登场——出现于现今南半球的阿根廷。

尽管在非洲、欧洲、南美洲等处都有发现约2.3亿年前的恐龙化石的报道，但由于化石比较零星或破碎，或仅限于足迹化石，古生物学家无法确认它们是真正的恐龙，还是与恐龙非常相近的主龙类的遗骸或遗迹化石。目前最早的、比较可靠的恐龙化石，都发现于阿根廷三叠纪中晚期（距今约2.3亿年）的地层中，其中的著名代表叫作始盗龙。

始盗龙的属名为 *Eoraptor*，在拉丁文中意为“掠夺者”。它们是最早的恐龙，对当时的动物来说，像突然入侵的强盗。

○ 始盗龙复原图

○ 始盗龙骨架标本

　　始盗龙是一种体形娇小的恐龙，跟狗差不多大，是两足行走的杂食性恐龙。始盗龙既吃植物，也吃别的掠食性动物吃剩下的动物残骸上的肉。一般认为，恐龙的祖先长得就像始盗龙这个模样，后来的大型恐龙是由这些不起眼的祖先类型演化而来的。

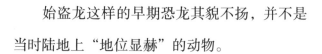

始盗龙这样的早期恐龙其貌不扬，并不是当时陆地上"地位显赫"的动物。

那时候的陆生动物中，有各种各样的基干爬行动物及似哺乳类爬行动物（哺乳动物的远祖），它们都比这些初来乍到的小恐龙身材更魁梧，也更适应周围的环境。像始盗龙等早期的"小不点儿"恐龙，则躲着这些庞然大物，以植物、昆虫或其他小动物为食，或者吃那些大家伙吃剩的东西。这很像我们通常所说的"人在屋檐下，不得不低头"。

比起后来"不可一世"的后代，早期的恐龙"卧薪尝胆"了很长一段时间——直到它们等来了"翻盘"的机会。

在恐龙出现后的两三百万年间，地球环境发生了很大的变化，出现了多次陨石撞击地球的事件。随着"泛大陆"的解体，板块活动加剧，引发了频繁的火山活动，而火山喷发释放出大量的二氧化碳和二氧化硫等温室气体，造成全球气温迅速上升。突如其来的全球气候剧变，也带来了洪水大泛滥。

那些一度在恐龙面前"耀武扬威"的主龙类与兽孔类爬行动物，在三叠纪末发生的这场

地球历史上第四次生物大灭绝中，大多遭到了灭顶之灾，而拥有发达的呼吸系统、四肢能够站立的恐龙却幸存了下来。

正像前一次生物大灭绝后出现了主龙类一样，这次生物大灭绝后，恐龙得到了前所未有的发展。

进入侏罗纪后，恐龙得到空前的发展，迅速占据了各种生态环境，演化出五花八门的恐龙类型，成为统治地球陆地生态系统中的超级霸主。

那么，恐龙究竟有哪些主要类型？古生物学家又是根据什么标准对它们进行分类的呢？

恐龙的分类

在讨论恐龙的分类之前，让我们简要了解一下四足脊椎动物的分类。四足脊椎动物一般分成四大类（纲）：两栖类（纲）、爬行类（纲）、鸟类（纲）和哺乳类（纲）。

这四类之间的关系看起来很简单，也很清楚：两栖类从鱼类演化而来，并进一步演化出爬行类；爬行类中有一支（恐龙这一支）演化出鸟类，另有一支（似哺乳类爬行动物）则演化出哺乳类。

因此，爬行类在四足脊椎动物演化树上占据了中心位置，对研究脊椎动物演化历史具有十分重要的意义。

在前文中，我们不止一次提到了"主龙类"或"占统治地位的爬行动物"。这是原始爬行类中的一个大类群，从中演化出了四个亚类群（或目）：鳄类、翼龙类、蜥臀类和鸟臀类。

目前已知的所有恐龙，不是属于蜥臀类，便是属于鸟臀类。也就是说，恐龙可分为两大类：蜥臀类和鸟臀类。

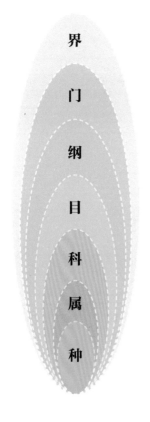

界
门
纲
目
科
属
种

○生物分类示意图

蜥脚型类

蜥臀类

兽脚类

恐
龙

鸟脚类

角龙类

甲龙类

鸟臀类

剑龙类

肿头龙类

○ 恐龙分类示意图

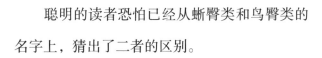

聪明的读者恐怕已经从蜥臀类和鸟臀类的名字上，猜出了二者的区别。

顾名思义，二者之间的主要区别在于臀部骨骼（又称"腰带"）的结构特征：蜥臀类的臀部骨骼结构像蜥蜴的臀部骨骼，而鸟臀类的臀部骨骼结构像鸟类的臀部骨骼。

接下来，让我们来仔细比较一下它们的臀部结构。恐龙臀部（"腰带"）分为左右两部分，每部分均由三块主要的骨头构成，分别为肠骨、耻骨和坐骨。

在蜥臀类恐龙的绝大多数成员中，臀部的耻骨与坐骨分别向身体的前腹方与后腹方延伸，形成一个近似"八"字形的分叉——这跟蜥蜴的臀部结构比较相似。

而在鸟臀类恐龙的绝大多数成员中，臀部的耻骨与坐骨均向身体的后腹方延伸，两者之间形成近乎"二"字形的平行走向——这与鸟类的臀部结构类似。

下次你们去博物馆参观时，看到恐龙的骨架，只要仔细观察一下它的臀部结构，就可以正确地分辨出它属于哪一类恐龙，你说神奇不神奇？

另外，你们还可以注意一下，在肠骨、耻骨和坐骨相接的地方，有一个凹下去的部位，叫作髋臼（关节窝）。恐龙大腿骨与身体主体的连接处就在这个地方。

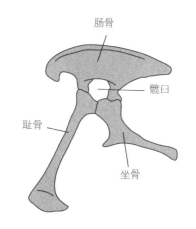

○ 蜥臀类恐龙"腰带"：示意图（左）；霸王龙骨架局部（右）

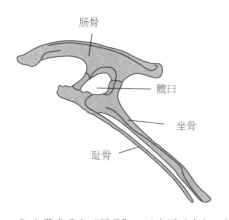
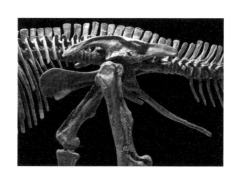

○ 鸟臀类恐龙"腰带"：示意图（左）；埃德蒙顿龙骨架局部（右）

蜥臀类恐龙一般又进一步分为两大类：蜥脚型类和兽脚类。

蜥脚型类的主要特征是体形巨大，头相对较小，脖子很长，四肢粗壮，尾巴也很长；它们通常是四足行走的植食性恐龙。蜥脚型类的代表有大家熟悉的雷龙、梁龙、腕龙、马门溪龙及它们的近亲，它们都是恐龙家族中的"庞然大物"。

兽脚类恐龙的主要特征为：通常为中小型，两足（后腿）行走，具有敏捷的身体、尖锐的爪子和锋利的牙齿，它们大多是肉食性恐龙。

○ 梁龙复原图

○ 腔骨龙复原图

兽脚类恐龙的代表有体形较小的腔骨龙、欧洲的斑龙及白垩纪的"大块头"霸王龙。

值得一提的是，最早在欧文和巴克兰亲自指导下所画的斑龙复原图，将其描绘为类似蜥蜴的四足行走动物，而现代的复原图则将其描绘成跟其他兽脚类一样的两足行走动物。

鸟臀类恐龙一般又进一步分为五大类：鸟脚类、角龙类、甲龙类、剑龙类和肿头龙类。这些恐龙形态各异，身体上多有五花八门的"装饰"，比如甲龙类身披骨甲，剑龙类背部有剑板，角龙类长有犄角和颈盾，肿头龙类的头顶明显拱起并生有棘刺，鸟脚类有三个向前伸的脚趾。

○ 甲龙复原图

　　鸟臀类恐龙尽管外表差异巨大，但基本上都是四足行走的植食性恐龙，它们与兽脚类恐龙大不相同，很少只用后面两条腿走路，也很少是肉食性动物。

　　有意思的是，尽管前文说过鸟臀类恐龙的名称源于它们的臀部与鸟类的臀部在外形和结构上比较相似，然而，恐龙专家仔细研究后发现：实际上鸟臀类恐龙的臀部结构与鸟类的臀部结构还是有差别的，且差别不小。原始鸟类的臀部结构反而更接近于蜥臀类中的一个分支——真手盗龙类的臀部结构。

　　现在，科学界一般认为鸟类起源于蜥臀类的肉食性小型兽脚类恐龙，而不是鸟臀类恐龙。关于鸟类起源的问题，我们后面会详细讨论。

中生代陆地生态系统的主角

恐龙在二叠纪末的生物大灭绝之后"横空出世",在陆地生态系统里迅速占据了一席之地,然而,那时陆地生态系统的主角还是鳄鱼的祖先及其近亲以及似哺乳类爬行动物。而三叠纪末的生物大灭绝,使恐龙原先的这些竞争对手惨遭重挫,为恐龙称霸中生代的陆地生态系统扫清了障碍。

自侏罗纪(距今约 2 亿年)开始,恐龙进入了迅速分异和演化的高峰期——主要表现在恐龙的种类不断增加、体形持续增大、外表形态愈加丰富多彩。电影《侏罗纪公园》里展现了当时恐龙的多样性,它们此时俨然已经变成陆地生态系统中的主角。

恐龙进入侏罗纪后的大发展,除了得益于其自身出色的适应能力与演化潜质,环境变化也是重要的促进因素。在生命演化史

○ 侏罗纪陆地生态系统复原图

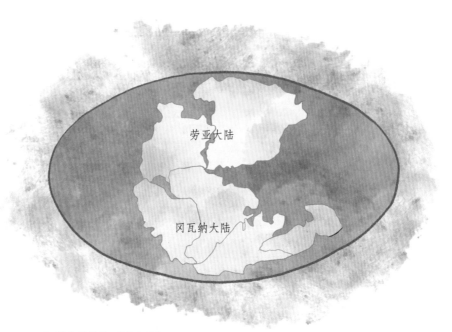

○ 开始解体的"泛大陆"

上，历来都是环境的巨大变化引发和推动了生物演化的进程。

前文提到，三叠纪末，"泛大陆"开始解体，而到了侏罗纪中期，"泛大陆"分成南、北两个超级大陆，分别称作冈瓦纳大陆（又称南方古陆，大致包括现在的南美洲、非洲、澳大利亚、南极洲与印度）和劳亚大陆（又称北方古陆，大致包括现在的亚洲、欧洲和北美洲）。

两个超级大陆被海洋隔开，而超级大陆又逐渐分离成较小的陆块与岛屿。这样一来，原本远离海岸的内陆接受到来自海洋的水汽，不仅增加了降水量，气温也稍有下降，使内陆气候变得湿润。原来的沙漠逐渐变为绿洲，一年之内的季节性变化也愈加明显，而温暖湿润的环境条件最适合爬行动物生存与繁衍。同时，植物也更加繁茂，昆虫的种类和数量增多，因而植食性恐龙的食物来源更加丰富。

此外，在侏罗纪早期，"泛大陆"尚未分成南、北两个超级大陆或更小的陆块，现今的各大陆当时仍连成一片，各大陆上的恐龙可以自由迁徙，因此地球上各大陆上的恐龙种类十分相似。而"泛大陆"解体后，在地理隔离的情况下，各大陆上的恐龙种类逐渐开始分化，演化出更多不同种类的恐龙，使恐龙在种类和数量上都迅速增加。

到了侏罗纪中晚期，随着"泛大陆"的进一步解体，陆地气候更加湿润，植物更加繁茂，恐龙也更加繁盛。相比体形较小的三叠纪恐龙，侏罗纪恐龙最引人注目的特征是体形大型化。尤其是进入侏罗纪晚期以后，出现了许多大型蜥脚类恐龙，比如中国的马门溪龙以及北美洲的梁龙和腕龙等。

○ 腕龙复原图（来源：Paleopeter）

这些大型蜥脚类恐龙的典型特征是小脑袋、长脖子、长尾巴，一般体长达 20 多米，重达 30 多吨。据古生物学家估算，每只"大肚汉"恐龙每天要吃 450 千克左右的植物。

　　此外，大型兽脚类恐龙也在侏罗纪晚期出现了，比如中国的永川龙和北美洲的异特龙。异特龙是一种大型肉食性恐龙，平均身长约 10 米，最长可达 13 米，体重 2 吨左右。它们长着大脑袋，颈部肌肉强壮，前肢的三个指头上长着弯曲的利爪，后腿强劲，尾巴健壮，是凶猛的捕食者。异特龙处于当时食物链的顶端，以其他植食性恐龙为捕食对象。

○ 异特龙复原图（左）及化石骨架（右）

除了上述蜥臀类恐龙，鸟臀类恐龙在侏罗纪时期也越来越繁盛，尤其表现在种类多样性以及体形大型化上。

侏罗纪早期，异齿龙类和原始盾甲龙类（剑龙类和甲龙类的祖先）已经繁盛起来。到了侏罗纪中期，以发现于中国四川省自贡市附近的华阳龙为代表的剑龙类已经非常引人瞩目。

剑龙类是植食性的四足行走动物，它们的显著特征是短脖子、小脑袋，背部从前到后布满了成排的剑板（骨板），尾巴上长着很多尖利的尾刺。现在一般认为，尾刺是剑龙用来防范敌人攻击的武器，背部剑板可能主要是为了"展示"（用于吸引同类或吓唬敌人）或调节体温。

有意思的是，古生物学家曾在异特龙的化石骨架上发现一个剑龙的尾刺，显示剑龙用尾巴反击异特龙的攻击时，因用力过猛将尾刺断在了敌人的体内，当时肯定给对方造成了伤害，甚至可能引起了伤口感染发炎。古生物学家虽然未能亲眼看见那场惨烈的战斗，却能利用化石上留下的证据进行合理想象，仿佛身临其境地"观战"过。

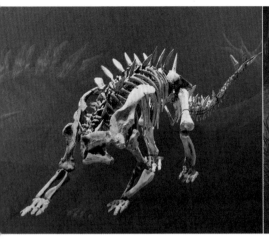

○ 太白华阳龙化石　　　　　　　○ 华阳龙复原图

剑龙类包括华阳龙科和剑龙科，华阳龙是剑龙类早期的恐龙之一。华阳龙与其他剑龙类的最大不同之处在于，它的头部呈方形，头面较宽，躯体滚圆，看上去像甲龙。华阳龙背上长有两排又高又窄的三角形骨板，肩两边各有一根长剑棘。

华阳龙的出土地是四川自贡。自贡恐龙博物馆是在恐龙化石群遗址上就地兴建的，"镇馆之宝"是太白华阳龙化石（左上图），是目前世界上已发现的保存最完好、时代最古老的剑龙化石标本。

太白华阳龙名字的由来非常有趣。"华阳"是巴蜀地区的古称，"太白"则是"诗仙"李白的字。李白幼年曾在四川一带生活，因此，太白华阳龙的名字带有向李白致敬的含义。

在侏罗纪时，恐龙已经无可争议地成为地球陆地生态系统的主角，但是进入白垩纪，恐龙的演化才迎来真正的鼎盛期。

白垩纪期间，冈瓦纳大陆与劳亚大陆进一步解体分裂，全球气温波动范围增大，平均气温也偏高，并出现了季节性变化。

起源于三叠纪晚期—侏罗纪早期的被子植物，到了侏罗纪中期已达到一定的丰富度和多样性。伴随而来的是各种访花昆虫的出现。到了白垩纪中晚期，昆虫有了很大的发展，其面貌愈加接近新生代昆虫。

白垩纪的气候变化及被子植物与昆虫的迅速演化，使地球环境发生了很大的变化。在更加多姿多彩的世界中，恐龙在体形大小、外部形态、运动方式及取食行为等方面也变得更加多样化，其结果是恐龙的物种在持续不断地增加。

及至白垩纪晚期，各大陆的分布格局已经接近地球上现代的情形，也就是说，如今各大陆被海洋分隔的情况已基本形成。因此，恐龙在新环境下的迅速演化也达到了顶峰，出现了形形色色、长相各异的新类型。

白垩纪时期，蜜蜂、甲虫、飞蛾、白蚁等昆虫都已经出现了。白垩纪过后，它们将迎来自己的时代！

在白垩纪，蜥臀类恐龙中，兽脚类恐龙的多样性尤为明显；而进入白垩纪晚期的时候，一些兽脚类恐龙更加趋于大型化甚至巨型化，比如著名的霸王龙，它们体长10余米，体重达十几吨，是最凶猛的掠食者之一。

此外，蜥脚型类恐龙以泰坦巨龙类的繁盛为显著特征，著名代表有南美洲的阿根廷龙，体长30～40米，重50～100吨，是恐龙世界中前所未有的、真正的"巨无霸"！

○ 阿根廷龙复原图

○ 山东龙复原图

不过，比起侏罗纪来，白垩纪蜥脚型类恐龙的繁盛程度、种类数量均有所降低。白垩纪真正繁盛的恐龙类群是鸟臀类，尤以鸟脚类、角龙类、肿头龙类最为繁盛。

侏罗纪中晚期的鸟脚类恐龙体形较小，两足行走。进入白垩纪后，鸟脚类恐龙大发展，体形变得巨大，由两足行走变成四足行走。

这些变化在鸭嘴龙身上尤其显著。鸭嘴龙的嘴巴扁扁的，嘴里有许多牙齿，并且牙齿挤在同一个牙槽中。它们咀嚼植物的方式很特别，跟现生动物的咀嚼方式大不相同。它们的种类和数量繁多，被戏称为白垩纪的"牛群"。

在白垩纪，巨型蜥脚型类恐龙日渐式微，体形巨大的鸭嘴龙类恐龙乘机取而代之。鸭嘴龙类在北美洲的代表有埃德蒙顿龙，中国的山东龙也长达 15 米。

据古生物学家推测，很多恐龙身上可能长有条状花纹或斑点，作为其在自然环境中的保护色。

角龙类恐龙的演化过程与鸟脚类恐龙相似。

举个例子。直到距今大约 1 亿年的时候，角龙类恐龙还保持着体形较小、两足行走等特征；其后，它们的体形不断增大，变为四足行走。到了白垩纪晚期，开始演化出像三角龙那样的巨型恐龙。

三角龙仅头部就长达 2.5 米，体重达 12 吨，加上犄角等复杂的构造，看起来威风凛凛。一般的肉食性恐龙见到它们都不敢"造次"。

○三角龙复原图

○ 肿头龙复原图

　　肿头龙有奇特的头骨，头骨上长着棘刺，同样可能吓唬住一些潜在的猎食者。诸如此类的结构在白垩纪晚期各个类群的代表动物身上尤其发达，充分显示了它们的演化已经达到巅峰。

　　然而，物极必反，到了白垩纪末（约 6600 万年前），一场灾难从天而降，统治地球陆地生态系统长达 1.6 亿年的恐龙几乎全军覆没。

○ 恐龙灭绝场景想象图

恐龙大灭绝

白垩纪末（约 6600 万年前）的恐龙大灭绝是地球历史上五次生物大灭绝之一，但并不是最大的一次。由于恐龙在史前生物中的"明星效应"，它们的灭绝自然而然地引起了科学家及公众的特别关注。

恐龙集群式灭绝这一现象早已为古生物学家所知，长期以来，对于恐龙灭绝的原因，科学家先后提出过各种各样的假说。

地球从诞生以来，共出现过五次大规模的生物灭绝事件。

其中，二叠纪—三叠纪大灭绝是五次生物大灭绝中规模最大、毁灭性最强的一次。

下表为五次生物大灭绝的基本信息（按由新到老的顺序）：

	名称	时间	主要原因推测
1	白垩纪—古近纪大灭绝	约6600万年前	小行星撞地球
2	三叠纪—侏罗纪大灭绝	约2.01亿年前	熔岩流引起海水缺氧
3	二叠纪—三叠纪大灭绝	约2.52亿年前	仍有争议
4	泥盆纪后期大灭绝	持续2000多万年，约3.6亿年前结束	尚无定论
5	奥陶纪—志留纪大灭绝	约4.45亿年前	冰川广布

这些假说从"有部分证据支持"到"据理推测"，乃至"着意的玩笑"，可谓奇奇怪怪、五花八门。比如，归结于气候变化的，如太热了或太冷了、影响生殖传代；被新物种的出现所影响，如被新出现的被子植物毒死或被哺乳动物淘汰；因疾病或瘟疫致死，如新陈代谢失调、性欲消失、关节炎、白内障引起的失明、寄生虫或病毒引起的疾病等；地质灾害所致，如被火山喷发释放的大量毒气毒死。

目前，恐龙灭绝原因中，最被广泛接受的一种假说是"小行星撞击说"（或"地外星体撞击假说"）。这种假说认为，恐龙大灭绝是由一颗直径约 10 千米的小行星（来自地球之外的星体）在白垩纪末撞击地球造成的。

这一假说的提出者是美国加州大学伯克利分校的两位教授——路易斯·阿尔瓦雷茨和瓦尔特·阿尔瓦雷茨，他们是一对父子。儿子瓦尔特是地质学家，父亲路易斯是物理学家。

他们认为，这一小行星撞击事件造成巨量的

走近科学巨匠

路易斯·阿尔瓦雷茨是西班牙裔的美国著名物理学家，曾荣获 1968 年诺贝尔物理学奖，是 20 世纪最伟大的实验物理学家之一。瓦尔特·阿尔瓦雷茨为美国地质学家。

高热灰尘（包括有毒气体）进入大气层，长时期遮天蔽日、阻碍植物的光合作用，进而从根本上瓦解了食物链，并引起整个生态系统的崩溃。

20世纪70年代末，瓦尔特和他的同事在意大利古比奥地区白垩纪/古近纪交界的地层中，发现了大大超出常量的铱元素。

以下是他们故事的亮点：

一开始，他们并不知道铱元素异常富集意味着什么。一次，瓦尔特与父亲路易斯闲谈时，向父亲提及这一发现以及他们团队的困惑。

父亲一拍大腿，说："这太简单了，儿子！铱是铂族元素，一般来自陨石，而在地层中含量很低。这种铱元素大大超出常量的情况，说明在地层沉积时，有巨大的地外星体或众多陨石撞击地球。"

听了父亲的解释，瓦尔特茅塞顿开。

20世纪80年代初，父子俩共同提出了"白垩纪末小行星撞击地球导致恐龙灭绝"的假说。这一新奇的假说立即引起了媒体的关注，很快在公众中传开，成为大家茶余饭后的谈资。

阿尔瓦雷茨父子的真实故事给了我们一个重要启示——通识教育非常重要!

　　目前,我们的高等教育中出现极细的专业分类现象,虽有利于培养专业人才,但是重大的科研进展和文艺创作往往需要经过跨学科训练的通识人才。只有后者才能够打破学科之间的壁垒,涉猎不同学科的交叉地带,做到触类旁通。

　　大凡科学史上的重大科学进展,一般都是多学科综合研究的结果。同学们,你们可以从小就注意培养对多个学科的兴趣。

　　有意思的是,阿尔瓦雷茨父子提出上述假说时,我正在加州大学伯克利分校古生物学系的威廉·克莱门斯教授门下学习。由于地质系与古生物学系同在一栋地学大楼里,我算是有幸见证了当时学术界的那场激烈的论战。

　　克莱门斯教授是研究早期哺乳动物演化的专家,对白垩纪/古近纪之交的脊椎动物演化史烂熟于胸,他对阿尔瓦雷茨父子的假说并不信服。他知道,包括恐龙在内的很多生物类群在白垩纪末之前就已经逐渐衰落,恐龙的灭绝不大可能是一颗小行星一"撞"而就的。他曾撰文批评阿尔瓦雷茨父子的假说,题为《恐龙如此终结:不是砰然一响而是一阵长咽》。

文章的这一标题典出英国诗人艾略特《空心人》中的名句："世界如此终结：不是砰然一响而是一阵长咽。"

近40年来的众多研究表明，克莱门斯强调的这种渐变式灭绝模式可能是由于化石记录的不完整性所造成的假象，因而不能排除白垩纪末有一次突发式、灾变性灭绝事件的可能。尤其是科学家们后来在墨西哥湾发现了巨大的地外星体撞击坑，还发现了印度德干玄武岩大规模喷发事件。

目前越来越多的证据显示，小行星撞击地球与火山喷发造成环境剧变导致白垩纪末恐龙大灭绝，是很有可能的。

不过，我个人依然认为，克莱门斯教授强调的渐变式恐龙大灭绝模式也不应该就这样被草率地否定。两种假说并非相互排斥，极有可能的情形是：在白垩纪结束之前，包括恐龙在内的那些行将灭绝的生物类群已经迅速地走到了下坡路；之后，来自天外的致命一击——小行星撞击地球与大规模的火山喷发，无疑是雪上加霜，极有可能成为"压倒骆驼的最后一根稻草"！

据科学家研究，大约6600万年前，小行星撞击地球的季节是北半球的春天，撞击位置在今北美洲墨西哥尤卡坦半岛。

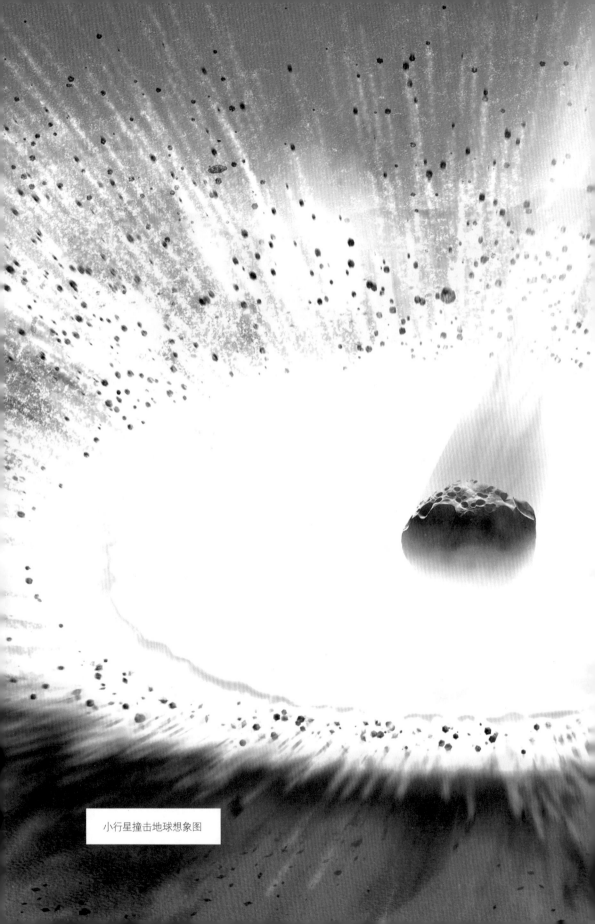

小行星撞击地球想象图

俗话说："会看的看门道，不会看的看热闹。"行外人面对自然博物馆里陈列的恐龙骨架化石，以及恐龙生活时代的情景壁画，常常禁不住感到纳闷儿："既然恐龙早已在地球上灭绝了，谁也没见过它们活着时的模样，那么，那些复原图有何根据呢？"

这个问题问得好！

在本章，我将与大家分享古生物学家的工作日常：我们的研究方法，我们如何把冷冰冰的骨骼化石"变成"活生生的动物形象，以及如何根据新发现修正旧观点，等等。当然，这一切都建立在长期的专业训练与丰富的工作经验的基础上。

三　古生物学家
　　眼里的恐龙

恐龙生物学

你想象中的古生物学家是怎样工作的？

长年在野外风餐露宿，寻找和挖掘恐龙化石？这确实是研究工作的关键一步。俗话说"巧妇难为无米之炊"，若是没有野外的化石发现，我们纵然身怀绝技，也无用武之地。

然而，野外工作只是"万里长征的第一步"，大量的工作是在化石被运回博物馆之后，由技术工人、研究人员及美术师在室内共同完成的。尤其是恐龙化石的修理、装架、复原和展出，常常需要投入大量的时间、精力和经费。

然而，作为古生物学家，我们更感兴趣的是恐龙作为史前动物，其本身关乎生物学的问题，包括它们的身世之谜以及它们的分类、形态、生理、行为、生态环境、演化历史等。

我们就像侦探一样，从它们留下的化石及其周围的岩石地层中，细心搜集各方面蛛丝马迹般的证据，然后根据我们的知识储备，尽力复原它们活着时的样子。

这项工作十分有趣，也非常困难，极具挑战性——这也正是我们乐在其中的原因。其实我们从事的职业不只是一份工作，更像一项娱乐活动：它发挥我们的智力，考验我们的勇气，挑战我们的想象力；它既满足了人们的好奇心，又丰富了人类的知识宝库，并推动了自然科学和人类认知的进步。

同学们，你们可能玩过"挖掘恐龙化石"的小游戏或小玩具，不过，真正的恐龙化石发掘过程要复杂多了。下面，我们简单了解一下恐龙化石是怎么来到博物馆的。

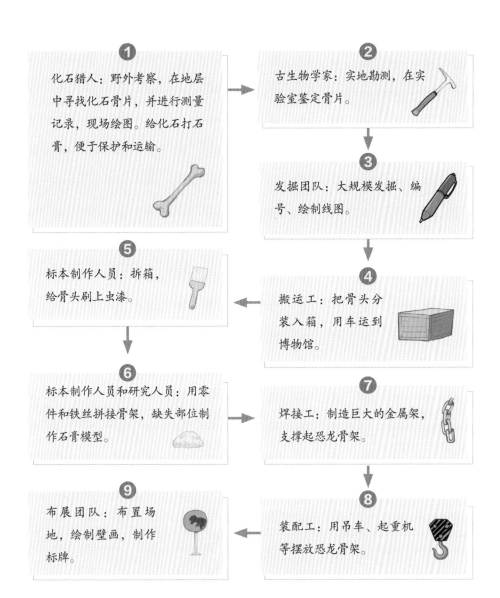

1 化石猎人：野外考察，在地层中寻找化石骨片，并进行测量记录，现场绘图。给化石打石膏，便于保护和运输。

2 古生物学家：实地勘测，在实验室鉴定骨片。

3 发掘团队：大规模发掘、编号、绘制线图。

5 标本制作人员：拆箱，给骨头刷上虫漆。

4 搬运工：把骨头分装入箱，用车运到博物馆。

6 标本制作人员和研究人员：用零件和铁丝拼接骨架，缺失部位制作石膏模型。

7 焊接工：制造巨大的金属架，支撑起恐龙骨架。

9 布展团队：布置场地，绘制壁画，制作标牌。

8 装配工：用吊车、起重机等摆放恐龙骨架。

比较生物学方法是生物科学研究中的重要手段。生物学家在科学研究中，通常比较不同物种之间一些相同或不同的特征，从而追索出它们之间的演化关系以及造成这种演化结果的历史和环境因素。此外，这种比较研究法常运用生物统计学手段，近年来大数据分析的应用更使比较生物学研究如虎添翼。

为了探索恐龙的生物学特征及它们生存时的环境因素，古生物学家所运用的研究手法结合了生物学家的比较生物学方法与地质学家的"将今论古"原则。

在《地球史诗》一书里，我已经介绍过"将今论古"原则，即把现在作为理解过去的一把钥匙，因为支配今天的自然法则同样适用于远古时代，比如万有引力定律。也就是说，今天树上的苹果会掉在地上，远古的苹果也不会自己飞上天；无论古今，河水都往低处流，绝不会往高处淌。

生物学家则运用比较（或类比）及实验等方法，从"已知"来推测"未知"，由"个案"去导出"一般"。比如，北极狐身上的皮毛在冬季是纯白色的，且非常厚，与它们生活在北极地区的冰雪环境中密切相关：白色提供"保护色"、厚实的皮毛可以保暖，这是为适应其生活环境而演化出的形态特征。

同样的道理，生物学家研究生活在相同环境下的其他类似动物时，也会去寻找相似的适应性表现，以证实形态特征与环境因素之间的内在联系。

因此，生物学家常常运用比较生物学的方法，推演出生物演化如何塑造了现今地球上的生物多样性。

当古生物学家发现了史前时代的象化石，自然而然地要跟现生的大象来对比，由于它们之间的亲缘关系密切，因此从形态特征到生理、行为等方面，两者之间很可能有许多相似之处。然而，由于它们生活的时代和环境不同，可能也会存在很大的差异。比如，现今的大象生活在热带和亚热带地区，而猛犸象生活在冰天雪地之中，身上还披着很长的毛发。

○ 生存于冰河时代的猛犸象复原图

也许你们要问：可是，恐龙早就灭绝了呀，已经没有现生的恐龙可供比较了，古生物学家又如何知道它们活着时候的生物学信息呢？

这个问题问得好！这也正是恐龙研究令人着迷的地方：一方面，它们跟我们不在同一个时空，我们无法直接观察它们活着时的情景；另一方面，它们不是"外星生物"，它们的后裔（鸟类）和近亲类型（其他现生爬行动物）都还在。

此外，恐龙留下了大量骨骼化石，让我们对其身体形态和解剖结构有了比较充分的认识；它们的足迹化石，让我们了解到它们的行走方式乃至集群行为；它们的蛋化石（其中有些还保存着未曾孵化的胚胎的骨骼），使我们对其繁殖方式也有足够的了解，等等。

也有些方面，我们很难有把握地得知，比如它们的叫声和身体的色彩等。大家在影视剧中看到过五颜六色的恐龙，听到过它们的吼声，不过那些主要是艺术家的想象，我们目前从化石中获得的确切证据还比较有限。

即使在能够使用化石证据来证实的方面，科学家也不是万能的。100 多年来，研究恐龙的古生物学家曾犯过不少错误，有些错误在今天以"后知后觉"的眼光来看，甚至十分离谱。然而，科学研究有可贵的"自我纠错"机制，那些错误都被后来发现的新证据和提出的新理论纠正过来了。

接下来，让我们来看一个有趣的例子吧。

窃蛋龙冤案

19世纪末，一位年轻的荷兰医生在印度尼西亚发现了爪哇人化石，一度引起不小的轰动。

20世纪初，美国古生物学家、美国自然历史博物馆馆长亨利·奥斯朋认为，人类起源的中心应该在亚洲，他把位于中亚的蒙古高原地区称作早期人类的"伊甸园"。接下来，他募集到一笔巨款，组织了一系列中亚古生物考察活动，试图在那里找到人类的发祥地。

考察团的领队是颇具传奇色彩的美国探险家和博物学家罗伊·安德鲁斯，团队成员包括好几位美国古生物学家。

他们到了中国之后，从北京出发，经张家口进入内蒙古，然后深入今蒙古国境内。他们一路上发现了大批重要的古脊椎动物化石，包括许多恐龙及哺乳动物的化石，唯独没有发现任何古人类化石。

不过，仅凭他们1923年在今蒙古国西南戈壁的火焰崖发现的大量恐龙骨骼与恐龙蛋化石，就足以使这一系列考察活动载入史册了。

走近科学巨匠

罗伊·安德鲁斯是美国探险家、博物学家和作家。他曾作为中亚考察团的领队，发现了包括恐龙蛋在内的大量化石，因此闻名。后来，他从美国自然历史博物馆退职，专门从事写作，他的许多有关中亚考察的书由于突出了探险元素而成为畅销书，包括《穿越蒙古大草原》《踏上古人的足迹》等。

这些化石在当时揭示了许多全新的发现，在科学界以至公众中引起了相当大的轰动。

首先，这是世界上首次发现恐龙蛋。从欧文以来，大家都深信，恐龙跟其他爬行动物一样通过生蛋孵化的方式繁殖后代，然而，在此之前这只是推测，这些蛋化石是首次发现的化石证据。

令人兴奋的是，考察队员们发现了一窝恐龙蛋化石，它们的外形为长椭圆状，并有规则地排成一圈。在这窝恐龙蛋化石附近，还发现了许多小型角龙类恐龙（命名为"原角龙"）的骨架化石。科学家们自然而然地认为这些恐龙蛋就是那些原角龙下的蛋。

当时，考察队员们还在这些原角龙化石中发现了一件与原角龙完全不同的恐龙化石。这具恐龙化石姿态奇特，因为它正趴在一窝恐龙蛋上。

原角龙是植食性恐龙，但这条恐龙是肉食性恐龙，它的嘴巴不同于一般的肉食性恐龙，而是长得像乌龟的嘴巴（喙状），且没有牙齿，似乎特别适合压碎蛋壳、专门吃蛋。

因而，古生物学家当时认为，这条恐龙正

○ 原角龙想象图

○窃蛋龙孵蛋想象图

在偷吃原角龙生下的蛋。也许就在此时，它被一群原角龙逮了个正着。经过一番厮杀，它被打死，尸体倒在那窝原角龙的蛋上面，并与这窝原角龙蛋一起保存成为珍贵的化石。由于它是恐龙的一个新属种，奥斯朋博士便不无幽默地将其命名为"窃蛋龙"，令其"罪名昭彰、遗臭万年"。

谁知70年后，新一辈的美国自然历史博物馆古生物专家居然使窃蛋龙的"沉冤"昭雪了——原来这是一桩"千古冤案"！

这一戏剧性的转变发生在1993年，新一辈古生物学家马克·诺雷尔一行，踏着前人的足迹来到火焰崖考察，在同样的所谓原角龙蛋化石中发现了完整的胚胎骨骼化石。

走近科学巨匠

马克·诺雷尔是美国著名古生物学家，主要研究鳄类以及恐龙化石，曾经研究中国辽西的披羽非鸟恐龙化石，并参与组织和领导了美国自然历史博物馆新的中亚古生物考察活动，且有不少重要的化石发现。

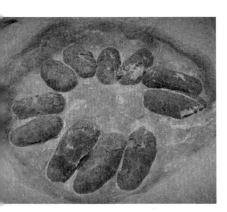
○ 恐龙蛋化石

　　诺雷尔等人的研究表明，这一胚胎化石是窃蛋龙，而不是原角龙——原来，70年前，古生物学家发现的那窝蛋并不是原角龙的，而是窃蛋龙自己的。这样一来，窃蛋龙偷吃原角龙蛋的解释就站不住脚了。次年，这一发现被发表在美国的《科学》杂志上，又引起了一场不小的轰动。

　　他们进一步认为，由于窃蛋龙与鸟类有较近的亲缘关系，它的行为和特征应该与鸟类相似，也许它正在像鸟一样孵卵时，意外突然降临——可怕的沙尘暴来袭，把它迅速掩埋在那窝蛋的上面。

　　但是，另一些专家认为，窃蛋龙和现在的一些爬行动物一样，产完卵后，会用沙土把卵埋上。埋好后，它却不愿匆匆离去，而是守护在这窝蛋之上，以防其他动物前来破坏。

　　无论哪一种假说是正确的，都同样强调：在数千万年前，恐龙就像现在的鸟类一样，会为了繁衍后代而精心保护即将孵出的幼雏。

　　看来，应该把窃蛋龙称为"护蛋龙"才是！然而，古生物命名法则严格规定：物种一经命名，这个名字就享有了优先权，一般情况下是不能随意更改的。

　　"护蛋龙"被错当成窃蛋龙，这事儿实在是天大的冤枉！

　　这个故事形象地说明了古生物学家是如何工作的。古生物学家只能在现有的证据下，根据常识，做出合乎情理的推测。新证据的涌现常常会推翻旧的假说，然而，科学就是如此不断取得进步的。

○一具窃蛋龙化石骨架，现藏于德国法兰克福森根堡自然博物馆。（来源：EvaK）

窃蛋龙冤案的故事是不是很有趣？更有意思的是，还有人专门为这个故事写了一首科学诗呢！

莫名其妙的理由

我从来没想过干坏事儿，
我真心要当天使，就兽脚类恐龙来说，
我只是虔诚地守护着我的巢穴，
用我的身体温暖着下面那窝蛋。

当沙尘暴冲破大漠浑厚的空气，
粗暴地扫荡了大地上的一切，
我用母爱坚守着巢穴，
直到我被山体一般的砂堆所掩埋。

我经年累月地躺在没有标记的深墓里，
当旧朝代覆没后崛起了新朝代，
等待着给予我献身的尊重，
毕竟我曾为石化的后代做出过慈爱的牺牲。

在我沉睡千古被人类挖掘出来后，
他们竟称我为窃蛋贼，出自莫名其妙的理由：
他们说我是窃蛋龙，死在偷蛋的巢穴里！
我被深埋千古，等到的就是这个？

我为从未犯过的罪而背负这一罪名，
为何他们不能叫我"护蛋龙"呢？
不过，让我聊以自慰的是：
他们也没法子处决我，因为我已经死了。

Reasons Amiss

'Twas never my lot to do anything bad;
I'm truly an angel, as theropods go.
I faithfully tended the nest that I had,
To warm with my body the egg clutch below.

And when the wind roared through the thick desert air,
And forcibly altered the face of the land,
I stayed at the nest with a motherly care
That ceased only under a mountain of sand.

I lay untold time in my deep unmarked grave,
As from those that perished new dynasties sprung,
Awaiting regard for the life that I gave
In kind sacrifice for my petrified young.

When humans unearthed me from eons of rest,
They called me an egg thief, with reasons amiss:
That I, Oviraptor, died robbing a nest!
I waited millennia buried for this?

I'm named for a crime that I didn't commit!
Why couldn't they call me "egg guarder" instead?
Still, one fact remains that consoles me a bit:
They can't execute me; I'm already dead.

(By Jonathan Kane)

火焰崖

　　火焰崖位于蒙古国的戈壁沙漠，广袤的赭红色地貌记录了地球数亿年的沧桑巨变。自 20 世纪 20 年代以来，科学家在这里挖掘出了原角龙、窃蛋龙等多种恐龙化石，使其成为著名的恐龙化石埋藏地。

巨型恐龙的个头为什么这么大

说到恐龙，你的第一印象是什么？

从"恐龙"一词的词源含义（大得令人恐怖的蜥蜴），到《侏罗纪公园》电影里各种庞大的恐龙明星，恐龙给人最深刻的印象就是一个"大"字。

生物学家有一句口头禅："大小很重要。"（Size matters.）这是指生物的个体大小会影响生物物种各方面的特性（如形态、生理、行为以及在生态系统中发挥的作用等），因而个体大小是生物学研究中十分重要的参数之一。比如，我们去体检的时候，首先要测量身高、体重等，这说明它们是人体的重要健康指标。又如，在自然界中，一只蚂蚁与一头大象之间的差异是显而易见的，然而，很多恐龙比今天的大象还要大。

前文说过，许多蜥脚类恐龙即便在整个恐龙家族中也算"大块头"。像梁龙和阿根廷龙等巨型蜥脚类恐龙，有的长达 50 米、高达 12 米、重达 100 吨。像禽龙和三角龙等鸟臀类，其重量跟两三头大象差不多，而一条腕龙的重量可能相当于 15～20 头大象。如果把现今地球上最大的陆生动物大象跟它们排在一起，大象简直就像个"小矮人"。

古生物学家一直很纳闷儿：这些大型和巨型恐龙为什么会长成那么大的个头？

一具矗立在恐龙公园的恐龙模型

爱德华·柯普是19世纪美国著名的古生物学家。他21岁时，凭借一篇阐述蟪蝻分类方法的论文，成为美国科学院院士。他一生发表了约1400篇学术论文，描述了56种新的恐龙化石。

美国著名古生物学家爱德华·柯普曾提出一种假说，被称为"柯普法则"：生物在演化过程中，倾向于从较小体形的先祖演化出体形越来越大的后裔，这可能是体形大的物种在自然选择中具备更多优势所驱动的。

柯普是研究恐龙的早期专家之一，他在研究中发现，很多恐龙种类在演化过程中都有走向大型化的趋势，尤其是蜥脚类和兽脚类恐龙，前者还出现了巨型化的现象。

大型化显然是恐龙成为中生代陆地霸主的最重要因素。

在生物演化史上，"柯普法则"在其他类群中也较为常见，比如很多哺乳动物类群就是如此，生活在恐龙时代的哺乳动物祖先们一般和老鼠差不多大，而它们的后裔中出现了老虎、狮子、大象、长颈鹿和蓝鲸等大型哺乳动物。

人们可能忍不住要问：如果"柯普法则"是正确的，究竟为什么只有恐龙能够长成庞然大物呢？

基于对恐龙骨头结构的研究结果，有些科学家认为，恐龙几乎是终生生长的，而且生长速度很快。

我们知道，我们自身（及其他哺乳动物）在发育过程中，到了一定的年龄段，身高就不再增长了。但是，古生物学家对蜥脚类恐龙的研究表明，它们在幼年期生长速度极快，甚至超过所有其他类型的恐龙。或许是为了安全起见，只有迅速长大，才不会"受欺负"（被肉食类恐龙捕食）。这可能是在生存斗争中自然选择出来的一种"谋生之道"。

此外，根据对恐龙骨骼中像年轮一样的生长线的研究，古生物学家还发现了它们在不同生命阶段的生长速度变化情况：恐龙进入成年期之后，生长速度虽有所减缓，但依然没有停止生长，直到老年时才终止生长。

既然恐龙生长速度快，而且生长期超长，那么，它们长成庞然大物也就不足为奇了。

不过，有些科学家认为，假定"柯普法则"是正确的，那我们应该弄清楚的不仅是恐龙能长成庞然大物的原因，更是哪些因素抑制了它们无限制地增大。

科学家们经过研究发现，主要有两方面原因抑制了恐龙无限增大：一是环境因素，二是生物力学因素。

术语

生物力学主要应用物理学中的力学方法和原理来研究生物体的结构和机能，比如研制人工器官（如人工心脏）离不开精准的生物力学分析。

在地史上，有几项关键的环境因素一直在发生变化，且时常变化很大，比如由大陆漂移和板块构造运动引起的各大陆的形状、大小及相互位置的变化、海平面的变化、大气组成（主要是氧气与二氧化碳的含量）的变化等。这些环境因素的变化常对生物演化产生直接影响。

生物学家对现代的动物研究后发现：陆生动物体形增大的程度与它们居住的陆地面积大小有特定关系。动物生存的陆地面积变小了，能容纳的该种动物的个体数量也随之变小，意味着它的种群密度（这一区域内该物种的个体总数）会减小，并且会增加物种灭绝的风险（比如东北虎早已面临这样的威胁）。

一般来说，在生物演化史上，物种应对这一变化的方式是抑制个体体形的增大，否则会加剧灭绝的风险。

我们在前文谈到，恐龙生活在"泛大陆"时代或"泛大陆"刚分裂成冈瓦纳大陆和劳亚大陆南、北两个古陆的时代，那时它们的体形很大，但大到一定程度后，便会受到上述环境因素的限制。或许这就是造成连中生代恐龙体形也不能无限增大的环境抑制因素。

另一个抑制因素可能来自生物力学方面。生物力学领域的学者都知道，动物个体能承受的体重与该动物腿的直径大小呈一定的比例关系，这就是为什么大象的腿那么粗，长颈鹿、羚羊却生有细长的腿。这是由简单的力学原理控制的。

根据生物力学专家的估算，陆生动物的最大体重范围为150～200吨，如果超出这个范围，它们的腿会粗到难以移动的地步。事实上，所有的已知恐龙都没有大到这个程度，少数几种巨型蜥脚类恐龙恐怕已经接近极限（100吨左右）了。

生物力学因素的限制在现生陆地动物身上是显而易见的，像蓝鲸那样体形庞大的哺乳动物在陆地上是不可能生存的。在海洋中，蓝鲸有海水的浮力支撑，便避开了生物力学因素的限制。

有意思的是，早期的恐龙研究者显然也考虑过生物力学的限制因素，从在他们指导下由艺术家所画的恐龙复原图上，可以明显看出他们当时的思考逻辑。

○ 蓝鲸

曾被扭曲的恐龙形象

早期发现的恐龙化石一般比较零星和破碎（仅保留个别牙齿或骨头），极少发现较完整的骨架化石，这给早期的恐龙研究者提出了很大的挑战：恐龙活着的时候究竟长什么样？同时，也给他们留下了极大的想象空间。

欧文和巴克兰等人认为，恐龙应该和现代蜥蜴及其他爬行动物差不多，只是体形放大了很多倍而已——属于"大象级别"的爬行动物。因而，在他们的想象中，恐龙是半匍匐、半直立姿态的大型爬行动物，头脑迟钝、行动缓慢，这一点在当时的禽龙和斑龙的复原图上表现得十分明显，给大众留下了深刻的印象。

在19世纪，只有后来研究过小型恐龙的赫胥黎对上述恐龙形象提出过质疑。他认为，恐龙的姿态可能更接近鸟类。但当时赫胥黎的想法并没有被普遍接受。

到了20世纪初，随着在美国西部发现了大量较为完整的恐龙化石，古生物学家对恐龙有了进一步的认识。

以耶鲁大学教授马什为代表的一些古生物学家认为，像雷龙和梁龙一类的大型蜥脚类恐龙，由于体重太大，不可能在陆地上生存，需要生活在水中，靠水的浮力来支撑其沉重的身体。当时马什曾估算雷龙重达 20 吨，并认为由于它的头很小，表明其头脑愚笨、行动迟缓，因而只能生活在水环境中，并以水生植物为食。

　　在耶鲁大学皮博迪自然历史博物馆里面，有一幅著名的壁画，生动地展示了雷龙等大型蜥脚类恐龙为水生或半水生动物。这些恐龙的形象给来来往往的人留下了深刻的印象。

○ 耶鲁大学皮博迪自然历史博物馆里的巨幅恐龙壁画

20 世纪 30 年代末，新的化石发现和研究进展显示，上述两种复原扭曲了恐龙的形象。

首先，一些古生物学家仔细研究了恐龙骨架的肩部、髋部以及腿与足等关节部位的连接结构，发现恐龙的四肢是直立在腹下的，不可能是半匍匐、半直立的站姿，并表明其四肢能够很好地支撑身体在陆地上行走。

此后，古生物学家又在美国得克萨斯州一带发现了大型蜥脚类恐龙的足迹化石，根据足迹的长度、宽度与深浅度以及左右脚留下的足迹之间的距离等综合判断，它们既不可能是半匍匐、半直立的站姿，也不可能生活在水中或沼泽地带。

自那以后，我们看到的恐龙复原图才逐步接近目前恐龙在我们脑海中的形象。

其实，人们早期对恐龙所持有的头脑愚笨和行动迟缓的看法，还有一部分是来自对现生爬行动物的总体印象。

我们一般称爬行动物为冷血动物，称鸟类和哺乳动物为温血动物。动物体的神经、肌肉、消化乃至整个新陈代谢都需要一定的体温来保证它们的正常工作。由于爬行动物缺乏体温内

术语

冷血动物，也叫变温动物，它们没有固定的体温，体温随外界气温的高低而改变。

温血动物，也叫热血动物或恒温动物，它们能自动调节体温，在外界温度变化的情况下保持体温相对稳定。

部调节机制，因此被称作变温动物。

当外部环境的温度下降时，爬行动物的体温随之下降，其行动也变得迟缓。因此，在较冷的气候条件下，我们会看到蜥蜴趴在石头上晒太阳以提高体温；如果外部气温过高，它们也会"中暑"，这时候它们往往躲到洞穴或岩缝中"避暑"。

因此，爬行动物依靠外界温度来调节自己的体温，哺乳动物则可通过体内的生物化学反应来产生热量，并通过出汗或喘气来散发多余的热量。

显然，对于爬行动物来说，在寒冷的阴天或夜晚，它们无法利用太阳能来温暖自己，因而行动会变得迟缓。这也解释了为什么如今爬行动物大多分布在地球上的热带与亚热带地区，因为那里阳光充足、气候温暖，有利于它们生存和繁衍。

中生代的气候比现在温暖，是使恐龙繁盛的得天独厚的环境条件之一。

直到 20 世纪下半叶，古生物学家还争论不休：恐龙究竟是像蜥蜴一样的冷血动物，还是像鸟类和哺乳动物一样的温血动物呢？

恐龙是冷血动物吗

让我们来回顾一下"恐龙到底是冷血动物还是温血动物"这场争论，它有助于我们更好地了解古生物学家是如何工作的。

大家知道，科学研究的重要特点是，科学家通常运用逻辑推理来分析他们手中的证据和实验结果。

逻辑推理一般可分为两类：一类叫作演绎推理，另一类叫作归纳推理。演绎推理是由一般知识或一（或多）个前提（命题）推导出一个具体（或确定）的事实（或案例）的过程。归纳推理则是由众多事实（或案例）总结出一般知识（或规律）的过程。

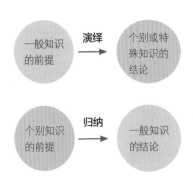

比如，生物学家通过对现生爬行动物的研究，认为爬行动物是冷血动物，而古生物学家通过研究化石的骨骼形态，发现恐龙属于爬行动物。

因此，以前的科学家通过演绎推理，一般认为，恐龙跟其他爬行动物一样，也应该是冷血动物。

从表面上看，上述推理是无懈可击的。然而，到了20世纪60年代，一位名叫罗伯特·巴克的年轻美国古生物学家提出了一个看似简单明了的问题，却引发了一场旷日持久的学术大辩论。

当时，巴克是耶鲁大学著名古生物学家约翰·奥斯特罗姆教授的学生，可谓"初生牛犊不怕虎"。他写了一篇文章，质疑大家长期以来广泛接受、从未存疑的论断，并指出：既然最早的恐龙和早期哺乳动物在地球历史上几乎是同时出现的，为什么恐龙会比哺乳动物率先统治陆地生态系统长达1.6亿年时间？因为从常识上来说，作为一个生物类群，哺乳动物比爬行动物更具竞争力。也就是说，除非恐龙的生物学特征至少与哺乳动物"旗鼓相当"，否则无法合理地解释这一现象。

说实话，过去大家还真没有从这个角度思考过这一问题呢！

巴克进一步指出，由于那时两者在其他方面还看不出谁强谁弱，倘若恐龙像现代爬行动物一样是冷血动物的话，那么，先占据地球陆地生态系统"霸主"地位的理应是温血动物才

走近科学巨匠

　　罗伯特·巴克是美国古生物学家、演说家、博物馆特约策展人。他曾把恐龙研究推向一个新阶段——在披羽恐龙化石被发现之前，预测恐龙可能生有羽毛。

对呀！众所周知，后者在生理学上比前者有着不可辩驳的生存适应性优势，这也是为什么在现代地球陆地生态系统中，哺乳动物比爬行动物表现出更大的竞争优势。

因此，巴克认为，恐龙不可能是冷血动物，而应是跟哺乳动物一样的温血动物。

他是怎样一步步进行分析的呢？

首先，他从恐龙的骨骼形态上进行分析，恐龙跟鸟类和哺乳动物一样都直立行走，而现代陆生脊椎动物中，除了鸟类和哺乳动物，没有其他类群是直立行走的。由于鸟类和哺乳动物都是温血动物，那么，按照演绎推理的逻辑，恐龙应该也是温血动物，而不是之前大家所认为的冷血动物。

对于温血动物来说，保持稳定的体温在生理上能确保动物有效地将能量持续供应到身体的各个部位及器官系统。恐龙四肢直立行走的"设计"，使它们行动敏捷，那么大自然不可能不同时给予它们保持恒定体温的生理机制，而没有这一生理机制，就像机器没有引擎一样，恐龙无法跑得快。

其次，巴克从恐龙的骨骼形态和直立行走上找到了另一方面的证据，以支持自己的假说。

有意思的是，巴克读研究生时，他的办公室就在耶鲁大学皮博迪自然历史博物馆里面，他每天都会路过巨幅恐龙复原壁画好几次，他越看越觉得——在马什指导下所画的雷龙复原图不对劲儿！

他想，倘若蜥脚类恐龙生活在水中或沼泽地，那么它们应该像河马那样有圆桶状的大肚子，脚也应该很宽。但从雷龙等蜥脚类恐龙的骨架形态来分析，情况恰恰相反：它们的脚比较窄，胸肋骨所构成的胸腔骨架形状又深又窄，腿骨则像大象腿那样是柱状直立的。

因此，蜥脚类恐龙肯定是在陆地上行走的，而不是生活在水中。要确保这么大的动物能在陆地上行走甚至奔跑，冷血动物的生理机制和新陈代谢速率肯定是无能为力的。这无疑从另一个角度支持了巴克的假说。

巴克还研究了恐龙的骨骼组织结构。他从腿骨化石上切出一块块薄片，磨到透明的程度，放在显微镜下面观察骨头组织结构的细节。他发现，恐龙骨头里面有许多管道状结构，是血管通过的渠道，这跟哺乳动物非常相似。

通常来说，如果骨头的生长速度很快，里面的血管会很密集，这种情况经常出现在新陈代谢速率较高的温血动物中，就像哺乳动物骨头的组织结构一样。因此，这也说明恐龙的生理机能类似现代哺乳动物，而不是爬行动物。

就这样，巴克发现了种种证据，并基于这些证据运用归纳推理的逻辑，根据上述各项证据总结出一般知识或规律，提出了恐龙是温血动物的假说。

在二十多年时间里，这方面的研究成了当时恐龙研究的热点，赞同和反对巴克假说的双方展开了激烈的论战。

○ 威猛的"温血"恐龙形象

到了 20 世纪 80 年代，巴克的观点逐渐占据上风，其中不无奥斯特罗姆教授一直力挺他的原因。奥斯特罗姆教授重振了赫胥黎在一个世纪前提出的鸟类起源于恐龙的假说，无疑从根本上支持了巴克的假说：如果恐龙是鸟类的直接祖先，而鸟类又是温血动物，那么恐龙也是温血动物，便是非常自然的了！

正是因为巴克假说的胜出，我们才能在后来的《侏罗纪公园》电影中看到恐龙迅捷而勇猛的形象，而不再是早期恐龙复原图中那种愚笨、迟缓甚至生活在水里的冷血动物形象。

值得指出的是，近三四十年来，古生物学新的发现和研究一方面进一步支持了巴克的假说，比如在中国发现的许多身披羽毛的恐龙化石，说明恐龙利用羽毛减少体内热量的散发，以维持较为恒定的体温，因而跟鸟类一样是温血动物。另一方面，也有证据显示：恐龙的生长方式跟鸟类和哺乳动物仍然有所不同，其新陈代谢速率可能尚未达到后者（温血动物）的水平。

因此，有古生物学家提出，恐龙的生理机能可能还处于冷血动物与温血动物之间的过渡阶段。除非我们能够发明出时光机，把我们带回恐龙生活的中生代，否则我们无法测量恐龙的体温及其新陈代谢速率，因而也无法确知它们究竟是否是温血动物。

无论如何，这场争论再次向我们展示出：好奇心与质疑精神才是科学研究的精髓。

罗伯特·巴克作为学生，出于好奇心，勇于挑战传统学说，从而推动了恐龙研究的进展，同时显示出科学方法和逻辑推理在科学研究中的重要性。

罗伯特·巴克是极富才情的科普演说家，也是颇具争议的古生物学家。他一生中从来没获得过任何教职和科研工作岗位，却是成功的演说家和独立策展人。

悬崖上的恐龙脚印

在南美洲玻利维亚首都苏克雷附近的一座采石场里，人们在一百多米高的悬崖上发现了多种多样的恐龙脚印轨迹，脚印总数超过 5000 枚，至少属于 8 种不同类型的恐龙。

穿越7500万年的地貌

阿尔伯塔省恐龙公园位于加拿大，是著名的恐龙化石宝库，有许多重要的爬行动物时代的化石遗迹。7500万年前，此地是一片低洼的沿海平原，气候炎热，鱼类、两栖动物、爬行动物以及原始哺乳动物繁盛。1979年，此地入选《世界遗产名录》（自然遗产）。

中国有丰富的恐龙化石资源，并拥有世界一流水平的恐龙研究专家，是恐龙研究大国之一。

"问渠那得清如许？为有源头活水来。"中国恐龙研究之所以在国际学术界占有重要地位，主要归功于几代古生物学家的努力奋斗。中国古脊椎动物学的奠基者杨锺健院士的事迹尤其值得世代传颂。

在本章，我将向大家介绍恐龙研究在中国的简略历史，以激励青少年读者立志为祖国建设而努力学习，将来在各条战线上做出中国古生物学家那样的骄人成绩和贡献。

四　恐龙研究在中国

披羽恐龙与鸟类起源

提起恐龙和鸟，一般人很少会想到它们之间有什么密切关系。大家的一般印象是：恐龙是个头那么大的家伙，跟大多数身材娇小、凌空飞翔的鸟类，八竿子打不着啊！

○ 美颌龙复原图

当然，有一些小型的兽脚类恐龙（如美颌龙），外表上看起来和不会飞的鸵鸟体形差不多。再比如，鸭嘴龙的嘴巴有点儿像鸭子的喙，那也仅此而已，完全不能说明它们之间有什么特殊的关系。对了，它们都生蛋，并且蛋在窝里排成类似的形状，它们的后代也都是从蛋里面孵化出来的。

此外，大家在啃"凤爪"（鸡爪）或鸭爪的时候，也许注意到它们的外表有鳞片状印痕（当然鳞片已经被厨师清除了）。鸟类腿的底部及爪子上的鳞片和恐龙身上的鳞片十分相似。不过，这些也只能说明它们的共同祖先是爬行动物。

随着 1861 年第一具始祖鸟骨架化石的发现，几乎无人再对鸟类起源于爬行动物的观点存有任何疑问。长期以来，由于始祖鸟是已知最早的鸟类（生活在约 1.5 亿年前的侏罗纪晚期），人们一直认为始祖鸟便是鸟类最早的祖先类型。

1861 年，在德国巴伐利亚的采石场，一名矿工劈开一块石灰岩石板后，发现里面有一具动物的骨架：它有尖尖的爪子、长长的尾巴，像爬行动物；但它也有羽毛和翅膀，像鸟类。

后来，它被古生物学家命名为始祖鸟。这是世界上发现的第一块始祖鸟骨架化石，距今已有 1.5 亿年。

始祖鸟的学名为 *Archaeopteryx*，来源于希腊文，archaeo 意为"古代的"，pteryx 意为"翅膀"。

事实上，100多年来，始祖鸟一直被当作典型的过渡性化石（生物演化的"中间环节"）。

1859年，达尔文的《物种起源》出版以后，反对生物演化论的人往往拿化石记录中缺少过渡性化石（又称"缺失环节"）说事儿，谁知，两年后，德国出土了第一具带有骨骼的始祖鸟化石。

对此，达尔文感到兴奋不已，在《物种起源》再版时，他立即把这一有力的支持证据加进书里，以解释鸟类的由来。因此，长期以来，始祖鸟也是支持演化论的标志性物种。

不久以前，一些古生物学者主张整个鸟纲是在始新世突然产生的；但是现在我们知道，根据欧文教授的权威意见，在上部绿砂岩的沉积期间的确已有一种鸟生存了；更近，在索伦何芬（Solenhofen）的鲕状板岩（oolitic slates）中发见了一种奇怪的鸟，即始祖鸟，它们具有蜥蜴状的长尾，尾上每节生有一对羽毛，并且翅膀上生有两个发达的爪。任何近代的发现没有比这个发见更能有力地阐明，我们对于世界上以前的生物所知甚少的了。

——达尔文《物种起源》（第六版）（周建人、叶笃庄、方宗熙译，商务印书馆，2019年）

始祖鸟的有趣和重要之处在于，它的形态特征完全处于爬行动物向鸟类演化的过渡阶段。为什么这么说呢？

　　一方面，它身披羽毛，并且羽毛的结构跟现代鸟类没什么两样，还有一对长满羽毛的翅膀；更重要的是，始祖鸟具有只有鸟类才有的典型的叉骨（西方人称之为"如愿骨"）。

　　当我们吃鸡、鸭、鹅等家禽时，会发现它们的颈部与胸部之间有个 U 形或 V 形的叉骨，是由左右两根锁骨相交联合形成的。

　　除此之外，始祖鸟跟现代鸟类一样具有不对称的飞羽，说明它们已经有了比较强的飞翔能力。

　　另一方面，始祖鸟身上保留了许多典型的爬行动物特征。

　　比如，始祖鸟有满嘴的牙齿，而现代鸟类只有喙，嘴里没有牙齿；始祖鸟有长长的骨质尾巴，现代鸟类也有的尾巴很长，但鸟类的骨质尾巴很短，长长的尾巴纯粹是由尾羽组成的，尾巴里面没有骨头；始祖鸟每一侧翅膀（前肢）上长着三个带爪子的"手指"，这在现代鸟类中也是从未见过的。

换句话说，始祖鸟好像由爬行动物与鸟类组成的"混合体"，既像还没有完全"脱胎换骨"成鸟类，又仿佛正处于向鸟类演化的进程之中，并已基本上具备了鸟类的雏形。

　　因而，始祖鸟是完美的"过渡类型"（"中间环节"）。由于现生脊椎动物中只有鸟类具有羽毛，毫无疑问，始祖鸟在理论上应该归为鸟类，只不过是最原始的鸟。

○ 始祖鸟复原图

鸟类起源论战

现在的问题是：始祖鸟究竟是由哪一类爬行动物演化而来的呢？

早在 1870 年前后，赫胥黎研究美颌龙化石时，就注意到它有许多跟鸟类相似的骨骼特征，并提出了鸟类是由恐龙演化而来的假说。

赫胥黎不愿意接受"始祖鸟是现代鸟类的直接祖先"的另一个原因是，他认为如果说始祖鸟出现在侏罗纪晚期，其时代未免太晚了。

赫胥黎认为，鸟类（包括始祖鸟在内）的直接祖先应该在时代更早的小型兽脚类恐龙里去寻找。这一观点曾一度被同行接受。

1926 年，丹麦古生物学家格哈德·海尔曼出版了《鸟类起源》一书，系统地分析道，赫胥黎所指的小型兽脚类恐龙与鸟类有相似的骨骼特征，是由于它们的体形大小与生活习性相似。这在生物演化中是并不罕见的"趋同演化"现象，比如生活在水中的鱼和海豚虽然属于完全不同的类群，但它们都有鳍，并具备流线型体形等适应性特征。

走近科学巨匠

海尔曼喜欢研究鸟类化石，并且擅长绘画。他刚提出鸟类起源的想法时，并不为丹麦学术界所承认。1926 年，他的《鸟类起源》英文版出版，书中包含了 142 幅他自己绘制的鸟类解剖结构图和恐龙形象，在世界范围内受到了重视。

由于当时还没有在恐龙化石中发现锁骨的报道，海尔曼指出：如果恐龙失去了锁骨，按照生物演化不可逆的规律，小型兽脚类恐龙不可能重新获得锁骨，那如何从中演化出鸟类的叉骨和胸骨呢？尽管小型兽脚类恐龙与鸟类有许多相似的骨骼特征，但恐龙不会是鸟类的直接祖先；它们之间可能有一定的亲缘关系，两者都是从更为原始的爬行动物那里演化而来的。由此，在其后的半个世纪中，大家不再接受赫胥黎的假说了。

在鸟类起源的研究中，似乎也有"风水轮流转"的现象。

到了 20 世纪六七十年代，耶鲁大学古生物学家奥斯特罗姆教授开始仔细研究世界各国（尤其是欧洲）博物馆里收藏的大量小型兽脚类恐龙化石，并且与德国的始祖鸟化石做了深入的比较研究。

他发现，跟其他鸟类一样，始祖鸟的许多骨骼形态特征也与小型兽脚类恐龙十分相似，似乎不能像海尔曼那样简单地将它们一律视为"趋同演化"的结果。相反，它们之间很可能存在着真正的亲缘关系。

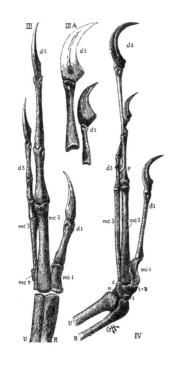

○ 海尔曼笔下的不同恐龙指爪对比图

○《鸟类起源》的插图，几只戈尔冈龙在享用一只剑龙。

当年，海尔曼曾用恐龙没有锁骨这一点作为撒手锏，否定了赫胥黎的假说。然而，后来大量的发现表明，很多恐龙类群都有锁骨，不少类群的左右锁骨还相交或联合成类似鸟类的 U 形或 V 形叉骨！

随着越来越多新化石的发现，大量新证据向着奥斯特罗姆教授的观点"倾斜"，鸟类起源于恐龙的观点似乎"卷土重来"，为越来越多的古生物学家所接受。

在关于"恐龙是冷血动物还是温血动物"的论战之后，一场更大规模的论战随即展开——关于鸟类是否起源于恐龙。在这场大论战中，中国的恐龙化石与中生代鸟类化石以及中国古生物学家起到了举足轻重的作用。

20 世纪 90 年代后期，鸟类起源问题忽然"柳暗花明"——这一切都是因为一系列接踵而来、震惊世界的新化石的发现！

○ 中华龙鸟模型

这些化石发现于古老的燕辽地区。1996年，辽宁省朝阳市的一名农民发现了一具小型恐龙化石。由于它的身上带有羽毛，一开始被误认为是鸟化石，并定名为"中华龙鸟"。

后来，经过古生物学家深入研究发现，中华龙鸟是披羽恐龙，不是鸟！准确地说，中华龙鸟是属于美颌龙科的小型兽脚类恐龙——正是赫胥黎所认为的鸟类祖先类型。

在接下来的十年间，中国古生物学家在辽宁、内蒙古及河北陆续发现了一系列披羽恐龙，包括中国鸟龙、尾羽龙、小盗龙等，这些在当时都是震惊世界的重要发现。

一时间，燕辽大地变成研究鸟类起源的"圣地"，世界各国的古生物学家纷纷前来"朝圣"。辽西小村庄四合屯的名字频繁出现在国际顶尖的科学期刊及各大报纸的新闻报道里，它因为研究者在附近乡间发现了披羽恐龙和中生代鸟类的化石而名扬四海。

奥斯特罗姆教授也不顾高龄，漂洋过海来看带羽毛的恐龙。老教授跟几位专家仔细观察和研究了辽西的化石标本，兴奋不已。这是支持他坚持了几十年的观点的铁证啊！

○ 中华龙鸟化石

中华龙鸟复原图

羽毛是现代鸟类区别于其他脊椎动物的标志性特征，而羽毛的结构十分复杂，新发现的披羽恐龙身上的羽毛结构跟鸟类羽毛如此相似，谁看过都不能否认两者之间的亲缘关系，何况还有许多骨骼特征也显示出恐龙与鸟类的密切亲缘关系呢。

如果把在辽宁发现的近鸟龙骨骼标本跟始祖鸟放在一起，你会发现两者极其相似：嘴巴里都长满牙齿、翅膀上都有三个长着爪子的长指（连指节数和排列方式都相同）、尾巴也都由几十个尾椎骨组成。

更有意思的是，人们在辽宁还发现一具保持"睡姿"的恐龙化石，它竟然保持着跟现代鸟类一模一样的睡眠姿态！中国古生物学家给它起了个十分有趣的名字——寐龙。

古生物学家还研究了一些恐龙蛋的显微结构，发现它们与现代鸟类的蛋的显微结构也十分相似。

联想起我们前面讨论过的窃蛋龙"护巢孵卵"的习性、恐龙的"温血"生理机制以及诸多与鸟类相似的骨骼形态特征等，一个难以回避的结论浮现出来——综合形态、生理及动物行为等多方面证据得出，鸟类无疑是恐龙的"嫡传后裔"。

目前，这一结论已为绝大多数古生物学家所接受，成为恐龙研究的新的理论范式。

有些古生物学家甚至坚持认为，从严格意义上来说，由于鸟类的存在，恐龙作为一个自然类群并没有灭绝，鸟类就是现代的恐龙，或者说是活着的恐龙。

最后，我想特别指出，在鸟类起源这场学术大论战中，中国古生物学家可谓厥功甚伟，并涌现出几位才华卓越的中青年才俊，像研究古鸟类的周忠和、研究恐龙的徐星，他们脱颖而出，成为享誉全球的古生物学家。

同时，中国作为世界上盛产恐龙化石的大国之一，恐龙研究的历史堪称源远流长。

"恐龙没有灭绝"这种说法听起来是不是让人感到震惊？正因如此，我在本书开头已指出，本书中提到的"恐龙"是指非鸟类恐龙。

你下次啃鸡腿的时候，可以这样想：呵呵，这恐龙肉的味道还挺香的嘛！

小盗龙

　　中国是世界上恐龙种类最多的国家。在中国范围内，以辽宁省发现的恐龙数量最多。小盗龙化石也是古生物学家在辽宁发现的。小盗龙生存于白垩纪早期，身披羽毛，是已知最小的肉食性恐龙之一，体长还不到1米。

中国——恐龙大国

2018年上映的电影《无问西东》曾轰动一时，里面有这样一个情节：西南联大遭遇空袭，师生们从课堂上抬出一具恐龙化石骨架去"躲空袭"……

尽管中国古生物学家当时确实曾在云南禄丰发现了恐龙化石，但与西南联大并没有什么直接关系；而且，这一恐龙化石是后来运送到重庆北碚（bèi）后，经过修理、复原和研究，才于1941年在重庆北碚装架完毕，并首次展出。因此，影片中的情节与史实不符。

不过，这一恐龙骨架化石的发现确实是一件有意义且有趣味的事情，值得大书特书。

1937年"七七事变"后，随着日本全面发动侵华战争，整个华北再也容不下一张平静的书桌，中华民族开始全面抗战。

在这种形势下，北方许多高等学校及科研机构的师生被迫南迁，其中包括中国古脊椎动物学的奠基人——杨锺健教授，以及他的年轻助手卞美年先生等。

走近科学巨匠

杨锺健是我国古脊椎动物学的开拓者和奠基人，科研领域几乎涵盖了古脊椎动物学的各个领域，重点是中国古爬行动物和古哺乳动物的研究，以及中生代和新生代地层的研究。

此前，杨锺健教授（以下简称杨老）一直在北京担任中国地质调查所新生代研究室（中国科学院古脊椎动物与古人类研究所的前身）副主任一职。杨老南下昆明之后，转而担任中国地质调查所昆明办事处主任。

1938 年秋，杨老同卞美年和技师王存义一行赴滇中地区考察红色地层，并寻找化石。

刚开始，他们除了系统地考察地层（也称"踏勘"）及采集到一些贝壳类无脊椎动物化石，并无重大收获。之后，杨老返回昆明处理公务，安排卞美年留在禄丰县城外的黑龙潭村一带继续考察。

颇具戏剧性的是，卞美年在村民家中偶然发现了一种非常特殊的油灯。这种油灯的底座用古动物的脊椎骨化石制作而成，由于村民称这种骨头为"龙骨"，也就称这种油灯为"龙骨油灯"。卞美年向村民打听到"龙骨"的来源，并在村民的指引下找到了发现"龙骨"的地方。在那里，卞美年如同阿拉丁发现了神灯一样惊喜——他在那里发现了大量的恐龙化石！

卞美年马上向杨老报告了他在禄丰获得的重大发现，杨老吩咐他立即组织挖掘工作。

1938 年 11 月下旬，卞美年先生结束了在禄丰的野外工作，将总重量近 2000 千克的标本装了 40 多箱，用雇来的骡子从禄丰驮回昆明。卞美年先生把这批化石带回昆明后，杨老着实兴奋不已。

经过初步鉴定，其中很大一部分是恐龙化石，此外还有一些学术价值更高的似哺乳类爬行动物的化石。为了表彰卞美年先生的贡献，后来，杨老把一具珍贵的似哺乳类爬行动物化石命名为"卞氏兽"。

经过进一步的室内研究，杨老发现这些恐龙化石中包括一具比较完整的恐龙骨架，并且其中 70% 以上都属于同一个恐龙个体——如此完整的恐龙骨架化石，真是非常难得的发现！要知道，同一个体的恐龙化石完整度若能达到 30%，就已经十分罕见了。

根据禄丰挖掘出的这具近于完整的恐龙骨架化石，杨老发表了《禄丰恐龙之初步观察》一文，报告了这一重大发现。由于战时寻找恐龙研究的参考文献十分困难，杨老初步认为，禄丰这一恐龙属于兽脚类恐龙，但一开始并没有足够的把握正式为其命名。

○ 卞氏兽（头部）

随后，杨老得到了他的朋友、德国古生物学家弗雷德里克·冯·休尼（Friedrich von Huene，杨老为他取了个中文名字，叫作"许耐"）的热情帮助，撰写并发表了《禄丰蜥脚类恐龙的初步研究报告》一文，由此确认了禄丰龙是植食性的原始蜥脚型类恐龙。

1940年7月，杨老发表《许氏禄丰龙之再造》一文，把禄丰龙的种名赠送给许耐教授，属名则以化石发现地禄丰县命名，全名为"许氏禄丰龙"（*Lufengosaurus huenei*）。

恐龙到底是怎么命名的呢？

每当古生物学家发现与之前不同的新恐龙化石，就会给它取个新名字。按照国际动物命名规则，每个物种必须有标准的拉丁文学名，恐龙命名也遵守这一规则。

一般来说，恐龙命名采用双名命名法，用"属名＋种名"两个拉丁文词语表示，属名相当于我们的姓，种名相当于我们的名。

拿许氏禄丰龙（拉丁文学名为 *Lufengosaurus huenei*）来说，属名"*Lufengosaurus*"（禄丰）首字母大写，种名"*huenei*"（许耐，简称许氏）首字母小写，属名和种名都采用斜体。你注意到了吗？在拉丁文名称中，属名在前，种名在后；翻译成中文名称后，种名在前，属名在后。属名可以单独使用，但种名不可以单独使用，比如我们可以说"禄丰龙"，但不能说"许氏龙"。

○ 杨锺健院士与恐龙肢骨

与此同时，杨老撰写的第一部恐龙研究的专著——《许氏禄丰龙》也已完成，并准备正式出版。

1940年10月，杨老由昆明调往重庆，任经济部地质调查所古生物研究室古脊椎动物组主任，许氏禄丰龙和其他化石也随杨老一起搬到了重庆北碚。

1941年1月5日，恰逢中国地质学会举办中国地质科学奠基人丁文江先生逝世五周年纪念会，纪念活动在重庆北碚文星湾地质调查所礼堂举行。会议最后，杨老做了题为"许氏禄丰龙之采修研装"的讲演，详细介绍了许氏禄丰龙的挖掘、修复、研究与装架的全过程。会后，参会者还参观了许氏禄丰龙完整骨架的展出。其后，许氏禄丰龙开始在地质调查所对外公开亮相。在艰苦的抗战期间，这无疑会令人振奋，人们踊跃前往参观。

杨老在《杨锺健回忆录》中记述道："许氏禄丰龙运抵北碚以后，曾开过一次展览会，参观者甚众。当地人并有持香来叩头者，因为是'龙'，自然有人崇拜。"当时盛况空前的景象可想而知。

事后，杨老诗兴大发，特地为许氏禄丰龙复原图写下一首七言诗——《题许氏禄丰龙再造像》：

千万年前一世雄，赐名许氏禄丰龙。
种繁宁限两洲地，运短竟与三叠终。
再造犹见峥嵘态，像形应存浑古风。
三百骨骼一卷记，付与知音究异同。

这首诗的意思是说，千万年前曾称雄一时的这具恐龙，被命名为许氏禄丰龙。该物种一度十分繁盛，其地理分布仅限于两大洲（亚洲和北美洲），然而它的命运不长，到了三叠纪末期，竟然与三叠纪一起戛然而止（注：据最新研究，禄丰龙生活在侏罗纪早期，并非过去认为的三叠纪晚期）。复原后的许氏禄丰龙，又重现了昔日峥嵘的风姿，复原图上的形象应该也颇具浑厚的古风。三百多块骨骼都记载在一部学术专著里，以供国内外同行研究时作为对比，辨别异同。

杨老不愧为具有诗人气质的科学家，或是有深厚科学素养的诗人。这首诗工整流畅，是他一生所留下的众多诗作中的精品。

1941 年春，杨老撰写的《许氏禄丰龙》在《中国古生物志》新丙种第7号专刊上正式发表。这是中国人发表的第一本恐龙研究专著，而且是在极为困难的战争年代完成的，赢得了国际学术界同行的普遍认可和高度赞誉。

由于许氏禄丰龙从发现、采集、修复、研究到装架、陈列的全过程都是中国人自己独立完成的，研究成果也是在中国本土学术刊物上发表的，因而具有特别的意义。

自那以后，这副许氏禄丰龙的化石也成为中国本土最著名和珍贵的恐龙标本，并有了"中国第一龙"的美称（尽管它并不是史上中国境内发现的第一只恐龙）。

抗战结束后，许氏禄丰龙化石骨架被运到南京地质陈列馆，1949 年后又运到首都北京，从此便在中国科学院古脊椎动物与古人类研究所"扎下根来"。

后来，中国古动物馆建立，许氏禄丰龙一直陈列在该馆的大厅中，被誉为该馆的"镇馆之宝"。

除此之外，许氏禄丰龙的模型也在中国的许多其他自然博物馆里展出。

中国境内发现的第一具恐龙化石是鸭嘴龙，地点在黑龙江。20 世纪初，黑龙江岸边的中国农民发现了一些"龙骨"，后经俄国地质学家大规模发掘，组装成一具鸭嘴龙骨架（现藏于俄罗斯圣彼得堡地质博物馆）。20 世纪 70 年代以后，中国地质工作者在此地陆续发掘出更多恐龙化石。

○ 许氏禄丰龙化石骨架（现藏于中国古动物馆）

许氏禄丰龙是第一具由中国人自己挖掘、研究、装架的恐龙骨架，是中国发掘的最古老的恐龙之一。可以说，许氏禄丰龙的发现拉开了中国恐龙研究的序幕。

中国邮政曾经专门为许氏禄丰龙发行了纪念邮票，可见，即便在恐龙化石众多的恐龙大国里，许氏禄丰龙也享有极为特殊的崇高地位。

1949 年以后，在杨老的领导下，中国的恐龙研究有了突飞猛进的发展。杨老不仅培养了一批优秀的研究人员，而且继续亲自研究了许多著名的中国恐龙。

1952 年，在四川省宜宾市马鸣溪一带的侏罗纪地层中，古生物研究人员发现了一具大型的蜥脚类恐龙化石，经杨老研究后于 1954 年发表。它就是中华人民共和国成立后命名的第一条恐龙——马门溪龙，也是中国最著名的恐龙化石之一。

马门溪龙

马门溪龙生活在侏罗纪晚期，身长可达 30 米，脖子的长度接近体长的一半。它们主要以植物为食。图为中国古动物馆展示的马门溪龙骨架。

○马门溪龙复原图

1958年，杨老又命名了另一种著名的中国恐龙——棘鼻青岛龙，该标本因发现于青岛附近的莱阳而得名。

棘鼻青岛龙是较为原始的鸭嘴龙类恐龙，最独特的地方是头上有一根由鼻骨构成的高耸的棘，因此杨老将其命名为棘鼻青岛龙，"棘鼻"为种名，"青岛龙"是属名。

青岛龙

青岛龙生活在白垩纪晚期，以植物为食。它们体长约6米，高约5米，头上有棘状顶饰，尾巴长而有力。图中的化石现藏于中国古动物馆。

杨老一生不仅奠定了中国恐龙研究的基础，也培育了中国恐龙研究的后来人，包括被称为"亚洲龙王"的董枝明等著名学者。

如今，中国已发现的恐龙属种总数位居世界第一位，中国也成为名副其实的恐龙研究大国。杨锺健先生若地下有知，一定会感到欣慰——这一切都源于他80多年前开启的许氏禄丰龙的研究。

中国是恐龙化石大国，主要的化石产地和恐龙地质公园分布在四川自贡、云南禄丰、山东诸城和莱阳、辽宁朝阳、内蒙古二连浩特等。著名的恐龙蛋化石产地也有不少，包括广东河源、河南西峡、江西赣州等。

对恐龙感兴趣的你，可以多去博物馆和地质公园参观哦！

自贡恐龙博物馆

　　古生物学家通过研究大山铺一带的沉积岩，认为此地当时可能是地势低洼的湖泊，是周围河溪的汇聚地。恐龙生活在炎热而潮湿的环境中，死亡后的恐龙遗体由别处冲到此地堆积起来，之后被泥沙掩埋，在缺氧的环境中逐渐变成化石，使此地成为巨大的"恐龙公墓"。

说起学术界的名人，每一个领域都有几个家喻户晓的名字：物理学界有爱因斯坦，化学界有居里夫人，博物学界有达尔文……在古生物学界，名气最大的是柯普与马什。他们同为美国古生物学的先驱，却又发生过一场令人大跌眼镜的"大战"。

　　本章，我们一起来了解他们二人的化石争夺故事及其对后世的影响。

五　恐龙化石争夺战

古生物学研究跟其他科学分支一样，从来不是人们想象的那种纯洁无瑕的"神圣殿堂"，古生物学家也并非"不食人间烟火"。相反，他们跟平常人一样，也会十分看重名声和荣誉。

每个学术领域都有几个家喻户晓的名字。在古生物学界，没有人比柯普与马什的名气更大了。一方面，他俩是美国古生物学的先驱，发现和命名了北美大陆上很多著名的恐龙化石；另一方面，他们之间的恶性竞争曾在 19 世纪引发双方长达 20 年的恐龙化石争夺战，令科学界及公众大跌眼镜。

他们的故事是每一本有关恐龙的书都不应该遗漏的，不仅在于他们都有惊人的发现以及那场化石争夺战异常激烈，而且在于这一事件对后世的警醒作用。

始"爱"终弃

柯普与马什早年在欧洲游学，相识于德国。那时的美国古生物学正处于萌芽阶段，欧洲（尤其是英国和德国）是美国年轻古生物学家前往学习的殿堂。据说，他们初次相遇时，由于有共同的爱好，又"同是天涯沦落人"，两人似乎相处得还不错。

不过，也有记载说，出身富贵的柯普处处表现出高傲自大，令出身卑微的马什心中不悦，只是出于礼貌没有表现出来。

○马什（左）与柯普（右）

无论如何，当时他们的关系应该还算说得过去。1868年，柯普主动邀请马什参观了他在美国新泽西州南部发现的一处重要化石地点。那是白垩纪晚期的一个化石地点，柯普在当地发现了大量的化石，包括龟类、鳄类及沧龙类化石，并且发现了恐龙化石的碎片。它是北美大陆上最早发现的、为数不多的恐龙化石点之一，令马什羡慕不已，并且心中暗喜。

此时的柯普已经是自然科学院院士、宾夕法尼亚州哈弗福德学院的动物学教授，他以费城自然科学院（博物馆）为研究据点，可谓功成名就。

马什从耶鲁大学毕业后，本来没有什么大好前途。幸运的是，他有个百万富翁舅舅——乔治·皮博迪。皮博迪是一位有名的金融家和慈善家，看到自己的外甥痴迷于古生物学研究，且在学术上很有前途，便斥巨资专门为他在耶鲁大学建了一座皮博迪自然历史博物馆。耶鲁大学为了拉赞助和捐赠，竟破格任命马什担任博物馆馆长兼地质系教授。

皮博迪自然历史博物馆

　　皮博迪自然历史博物馆是美国最古老、最大、馆藏最丰富的大学自然历史博物馆之一，馆中收藏着大量的人类和鸟类化石、古生物化石，并保存着世界上最大、最完整的雷龙骨架。图为皮博迪自然历史博物馆内的恐龙骨架（最高的是雷龙）及著名的《爬行动物的时代》壁画。

这样一来，马什的地位也变得颇为显赫。1869 年，马什的舅舅去世，留下的遗产使他一夜之间成为富豪。此时的马什，在财富上已经跟柯普旗鼓相当了。

故事回到一年前，马什访问柯普的新泽西化石点之后，偷偷做了一件十分龌龊的事：他用贿赂的手段买通了给柯普挖掘化石的矿工，让他们发现新的化石后，直接偷偷运往他的耶鲁大学皮博迪自然历史博物馆，而不是送到他们原来的主人柯普那里（费城自然科学院）！

世上没有不透风的墙，这件事很快被柯普发现了。可想而知，柯普如何能咽下这口恶气？！不消说，两人的"梁子"从此算是牢牢地结下了……

柯马大战爆发

更令柯普不能容忍的是，马什除了"偷"他的化石，还在他以前发表过的学术论文里挑错，并发表在学术刊物上让他现丑：马什指出柯普曾弄反了一条恐龙的骨骼头尾，这让柯普觉得"很丢份儿"。

在一般情况下，这应该是学术研究中挺正常的事情——科学研究有自我纠错的内在机制，而这正是科学精神的体现。然而，由于他们各自心存芥蒂，这种事情就显得不一般了。

柯普认为，这是马什在故意出自己的洋相，拿自己的错误来羞辱自己。于是，柯普为了报复马什，便率领人马到堪萨斯州和怀俄明州去挖掘化石——这些地方历来被马什认为是属于他的地盘。

在整个19世纪70年代，柯普利用自己在华盛顿政府里的关系，在美国地质调查局（联邦政府机构）弄了个无薪的兼职岗位，从而可以名正言顺地跑到马什在美国西部的地盘上挖掘化石，给马什玩儿了个"釜底抽薪"。此时的马什本人已经很少亲自去野外挖掘化石了，而是雇用当地的职业化石猎人和化石贩子为他采集化石，然后包下火车车皮，将其运往位于美国东部的耶鲁大学。

为了破坏马什的挖掘采集计划，柯普不择手段地贿赂和收买马什所雇的那些人，如果收买不成功的话，就破坏他们的挖掘和采集活动，甚至用炸药把马什的一些化石地点炸平。

○ 马什的化石挖掘队伍（后排中间为马什）

柯马大战发生于美国西进运动"淘金热"期间。19世纪中叶，成千上万的人涌向北美洲西部，希望通过淘金一夜暴富。很多人无法如愿找到金子，转而寻找巨型爬行动物的骨头。由于北美洲西部的落基山地区有许多富含化石的采石场，淘金热潮变成了寻找雷龙、异特龙和梁龙化石的热潮。

当然，马什也不是吃素的，他现在"不差钱"了。于是，他"以其人之道还治其人之身"，同样不择手段地去干扰和破坏柯普采集恐龙化石的活动。

那时候，职业化石猎人和化石贩子对哪一方也没有忠心，结果导致马什与柯普双方拼着往里面砸钱，谁出的钱多，谁就能得到好的恐龙化石。

经过长达20年的恐龙化石争夺战，双方的财力均消耗殆尽。其间，有许多第三方看到了恐龙化石的珍贵性，纷纷插手进去浑水摸鱼，频频给他们双方添乱。

这场化石争夺战堪比真正的战争，自然也使新闻界兴奋不已，并及时予以报道和宣扬，把这些事搞得沸沸扬扬，使这场化石争夺战成为人们茶余饭后的谈资和笑料。

两人的争夺战给古生物学界带来了不良的影响，最后，他们在各方的压力之下（主要是因为钱用得差不多了），只好各自宣布"鸣金收兵"。

柯普和马什在美国西部的恐龙化石争夺战戛然而止，但他们之间的恶斗并未结束……

柯马大战的余波

1897 年，柯普因病逝世前留下遗嘱，声称死后要继续跟马什一决雌雄！他决定把自己的大脑捐献出来，留作科学研究，同时挑战马什身后也照此办理，以便科学家可以对二者做比较研究。这是因为，柯普自信他的大脑比马什的大脑更大。当时，人们普遍相信：大脑的大小标志着智力的高低，柯普想借此向世人证明自己的智力高于马什。

然而，马什并没有接这个茬儿。他选择"全身而退"，死后保留了全尸，埋葬在距离耶鲁大学皮博迪自然历史博物馆不远的墓地里。据说，马什也担心自己的大脑会小于柯普的大脑，因为他打听到柯普帽子的尺寸大于自己帽子的尺寸。因此，柯普想在死后与马什一决高下的愿望并未实现。有趣的是，据说柯普的大脑至今还保存在宾州大学。

在美国历史上，类似柯马大战这样的同行间恶性竞争并非什么新鲜事。这在资本原始积累阶段几乎是不可避免的。早年，美国发明家特斯拉与爱迪生之间的较量更为大众所熟知。现代的同行或品牌之间的竞争同样反映了资本主义自由市场经济的痼疾，恶性竞争也不胜枚举。

也许有人会好奇：柯马大战，最终究竟谁占了上风？

马什发现了第一具美洲翼龙的化石，还发现了早期马类的遗骸。他描述了一些白垩纪有齿鸟类、飞行爬虫类生物，以及侏罗纪恐龙（如异特龙与迷惑龙）。

柯普一生发表了约1400篇论文，描述并命名了1000多种脊椎动物，包括数百种鱼类和数十种恐龙。他关于哺乳动物磨牙起源的理论贡献尤为突出。

答案是：两败俱伤！

最终，两人不仅在经济上都濒临破产，其学术声誉也几乎扫地。然而，如果单从他们各自发现的恐龙新种数量来说，柯普发现了56个恐龙新种，马什发现了80个恐龙新种——显然，马什胜出了。

更重要的是，他们不仅发现了这么多重要的恐龙化石，而且使恐龙的形象更加深入人心。许多美国人在"观看"柯马大战的过程中了解了恐龙、爱上了恐龙，这在一定程度上使古生物学（尤其是恐龙研究）成为美国公众乐于支持的科学事业，算是奠定了美国古生物学其后100多年兴旺发达的群众基础，大概也算"因祸得福"吧……

柯马大战的遗产

罗伯特·巴克说过一番话，颇能精辟地总结出柯马大战的遗产：柯马双方历时20年的恐龙化石争夺战的结果是，他们所采集的恐龙化石不仅塞满了博物馆的标本库，而且这些恐龙化石的研究文章塞满了学术刊物，甚至塞满了很多古生物学教科书，柯马大战的花边新闻也塞满了坊间的报纸杂志。更重要的是，他们把恐龙塞满了公众的脑袋！

像异特龙、三角龙、剑龙、梁龙、腔骨龙、圆顶龙等恐龙明星，都是马什和柯普在争夺战中通过海盗式的采集而获得的。巨量恐龙化石的发现大大丰富了博物馆的标本收藏，增加了我们对恐龙多样性的认识，也为其后几代（至今）古生物学家的持续研究打下了良好的"物质"基础。

他们为了争夺命名新物种的优先权，抢着发表论文，甚至达到了十分荒谬的程度，有时候仅仅根据野外发来的电报内容，就写出文章、命名新物种，因而犯了不少低级错误，也造成了许多混乱。由于有化石标本在，后来的古生物学家均可予以纠正。他们这些极为荒谬的做法，也成为后辈古生物学者的反面教材，警示我们应该如何正直地、老老实实地做学问——这就是事物的两面性吧。

直到今天，美国每一位古脊椎动物学家的学术谱系都可以分别追溯到柯普或马什门下，可见他们在学术界留下的深远影响。

就我个人而言，我是柯普和马什两个学术门庭的"混血儿"：我在加州大学伯克利分校和怀俄明大学的导师均是柯普的学术后裔，在芝加哥大学做博士后研究的导师则是马什的学术后裔。我服务大半辈子的堪萨斯大学古脊椎动物学部则历来是马什徒子徒孙们的"一亩三分地"。

○《侏罗纪公园》电影剧照

　　正如上一节所言，柯马大战在效果上变成了一次全国性的古生物学及恐龙化石的科普活动。公众在关注他们八卦的同时，学到了许多古生物知识，激发了对古生物学的兴趣。这虽然是一件颇具讽刺意味的事，却为古生物学科做了"免费广告"。

　　事实上，从《侏罗纪公园》里古生物学家的西部牛仔形象，可以窥见柯马大战时期的情形。在美国，古生物学研究主要依赖政府的经费，获得作为纳税人的公众的支持至关重要。

　　柯马大战的另一个重要遗产是，柯普和马什各自培养了一批学生，而这些学生中的很多人后来也成为著名的古生物学家，科学教育事业代代相传，他们的学生又分别培养出自己的学生。

　　恐龙研究是一门十分有趣的学问，而研究恐龙等古生物化石的古生物学家也是一群非常有意思的人。希望读者们阅读至此，已经能够获得这一印象。

从英国维多利亚时代著名作家狄更斯到中国科幻作家刘慈欣，一百多年来，恐龙为中外文学艺术家提供了丰富的创作素材。

地球上竟然生存过像恐龙这样庞大和奇妙的动物，这对文学艺术家来说本身就是一件无比神奇的事儿。加之它们早已灭绝，给艺术家留下了充分的想象空间，于是，恐龙成为文学艺术家笔下的"宠儿"，便是"命中注定"的了。

在本书的最后，让我们来追溯恐龙与文学艺术的不解之缘。

尾声　恐龙与文学艺术

文学作品里的恐龙

从一开始，恐龙就不是古生物学家的"独宠"，富有想象力的文学家也看到了恐龙在他们创作中的巨大潜力。可以说，恐龙与文学作品结缘，近乎是"命中注定"的。

长期以来，柯南·道尔在20世纪初写的科幻小说《失去的世界》被认为是最早提及恐龙的文学作品，实际情况远非如此。

此前，1901年，英国作家麦肯齐·萨维尔（Mackenzie Saville）的探险小说《南墙之外：南极的秘密》中写道，探险队员们在南极寻找失去的玛雅文明，他们在攀爬一座花岗岩山坡的时候，遭到了依然活着的雷龙的袭击（并说这种雷龙特别喜欢海豹和人肉的味道）。

1910年，法国作家朱尔斯·勒尔米纳（Jules Lermina）出版的科幻/奇幻小说《恐慌的巴黎》也早于《失去的世界》。书中的巴黎不仅有神秘死亡的拳击手，而且有飞行器，还有形形色色的史前动物（包括翼龙、猛犸象、古鳄鱼和恐龙）。在巴黎的街道上，不仅有禽龙和三角龙在悠闲地漫步，而且不时有长达 15 米、重达 15 吨的雷龙出没，简直像自然博物馆里的史前动物忽然纷纷复活，一齐涌向了巴黎街头——在这种情景下，巴黎人的恐慌是不言而喻的。

不管究竟是谁最先把恐龙元素用在了科幻小说中，柯南·道尔、萨维尔和勒尔米纳的作品均反映了当时人们幻想（并相信）恐龙一类的史前动物尚未灭绝，依然生活在地球上某些与世隔绝的偏僻角落里。

事实上，像布封这样的博物学家早期也有过类似的猜想。毕竟，那时候的古生物学是一门新兴学科，古生物学家也刚刚开始他们的发现之旅，一般人对史前生物知之甚少却又十分好奇，恐龙等史前动物自然而然地成为文学家笔下信手拈来的写作元素。

远古时代总是令人浮想联翩，因此，关于恐龙的科幻故事注定永远不会变得乏味。

不仅早期科幻作家抓住刚刚"横空出世"的恐龙大做文章，现代的一些著名作家对于写作恐龙的巨大热情也丝毫未减。比如，美国著名小说家约翰·厄普代克（John Updike）写过《在侏罗纪》，意大利当代作家伊塔洛·卡尔维诺（Italo Calvino）也写了科幻小说《恐龙》，而荣获无数科幻文学大奖的英国科幻作家布莱恩·奥尔迪斯（Brian Aldiss）的《隐生代》更是令读者惊叹不已。

在奥尔迪斯的科幻小说《隐生代》里，主人公爱德华·布什是个心灵旅行家，他带领读者穿越时空，不仅回到远古的侏罗纪以及过去的1851年、1930年，而且穿越到未来的2093年，利用这些过往和未来的故事，审视了人类所面临的种种危机。

在这部写于 20 世纪 60 年代的小说中，作者超群的想象力在心理学和科学上是如此合理和精准，让人读罢深感他简直有"先（或后）见之明"！

作为古生物学家，我对《隐生代》中的一段情节印象深刻——

布什与安在一片丛林的河谷里目睹了这样一幕：一群看似属于"一家子"的剑龙，包括一雄一雌两只成年剑龙，以及 15 只可爱的小剑龙，它们正在河谷里悠闲地觅食，突然遭到一只外来雄性剑龙的挑衅。这名入侵者剑龙企图骚扰这家的"女主人"，结果被愤怒的"男主人"奋力赶走……

接下来，布什离开安，躲在一旁默默地反思：从道德伦理上看，这些恐龙跟人类一样具有相同的嫉妒和复仇心理；从美学上讲，谁又能说"美丽"不就是简简单单的"情人眼里出西施"呢？

对我而言，《隐生代》里这一段故事最令我吃惊的是，作者对剑龙的形态和习性行为的描述是如此科学、准确，简直像出自专业古生物学家之手。

很多人应该看过好莱坞大片《侏罗纪公园》，这部电影是根据迈克尔·克莱顿的同名小说改编的。克莱顿是哈佛大学医学院毕业的医生，具有坚实的医学生物学（包括分子生物学）基础。他想通过这部科幻小说告诉大家：虽说知识就是力量，但如果对知识使用不慎或者过度使用，也是十分危险的。

人类似乎并没有从以往的错误中吸取教训，后来发生的违背

怪兽哥斯拉源于日本电影，是参照暴龙、禽龙、剑龙等恐龙形象创造出来的，已演变成世界性的流行文化符号。

伦理的基因编辑事件恰恰说明了克莱顿的"先见之明"。

《侏罗纪公园》曾久居当年《纽约时报》畅销书榜首，改编成电影后，在全球热映，并荣获三项奥斯卡大奖。由著名作曲家约翰·威廉姆斯谱曲的电影主题曲，也是我最喜爱的电影音乐作品之一。

电影《侏罗纪公园》的大获成功，对原本火热的恐龙文创产业产生了巨大的推动作用，恐龙玩具和电子游戏变得流行起来。

自"恐龙"一词问世以来的100多年里，恐龙与文学艺术的关系可以说十分密切。恐龙的神秘性带给文学家和艺术家取之不尽、用之不竭的想象空间。

同学们，如果你对恐龙主题的科幻小说感兴趣，还可以阅读中国著名科幻作家刘慈欣的作品。

刘慈欣著有"恐龙三部曲"，包括《人和吞食者》《诗云》《白垩纪往事》，另外还有一篇关于恐龙的短篇小说《命运》。

莫说从系统发育关系上讲，一些古生物学家坚持以下观点：鸟类是恐龙的直系后裔、是依然活着的恐龙；即使单从文艺创作的角度来说，恐龙也未曾灭绝，而且永远不会灭绝。

我们相信，有关恐龙的文艺作品将来还会源源不断地出现。

恐龙会和我们一起存在！

如果不是有恐龙化石为证，你是不是很难相信地球上生活过如此巨大的动物？请看不同恐龙的"身材"对比图，看着它，我们会感觉人类如此渺小，恐龙如此庞大，不禁感叹大自然的神奇，这也是恐龙让我们着迷的原因之一。

最大的恐龙有多大

最大的恐龙是哪种？这个问题还没有标准答案，本书介绍的阿根廷龙和马门溪龙都是最大的几种恐龙之一。阿根廷龙的体重相当于一个成年人体重（按65千克）的1300多倍，这样说来，人类跟那些大型恐龙比起来，简直像小仓鼠。

恐龙也有"小不点儿"

恐龙并不都是大个子，也有一些是"小不点儿"，比如近鸟龙、树息龙、始祖鸟等。本书正文中提到的寐龙，身体蜷起来时，还没有一个成年人的手掌大。

最大的恐龙都是植食性恐龙

不知道你有没有注意到，体形最大的几种恐龙都是植食性恐龙，它们有长长的脖子，头很小，四肢粗壮，尾巴较长，走起路来相对缓慢。

最大的肉食类恐龙

霸王龙是已知最大的肉食性恐龙，体长约15米，仅头部就有1.5米长，身高达6米。霸王龙主要生活在丘陵区，以植食性爬行动物为主要捕食对象。大型的肉食性恐龙还有棘龙、异特龙等。

		体长	体重
	始盗龙	约1米	约10千克
	霸王龙	12~15米	8~18吨
	异特龙	约10米	约2吨
	华阳龙	约4.5米	1~4吨
	阿根廷龙	30~40米	50~100吨
	鸭嘴龙	约8米	2~4吨
	三角龙	7~10米	6~12吨
	许氏禄丰龙	6~7米	约2.9吨
	马门溪龙	15~35米	60~80吨
	始祖鸟	约0.5米	约1千克
	中华龙鸟	约0.7米	约1千克

在野外地质考察工作中，专业工具必不可少。地质锤、罗盘、放大镜被地质工作者亲切地称为"三大件"。现在出现了新式的"三大件"，包括 GPS 定位器、数码相机、笔记本电脑。未来，地质行业还会有更多新手段、新设备！

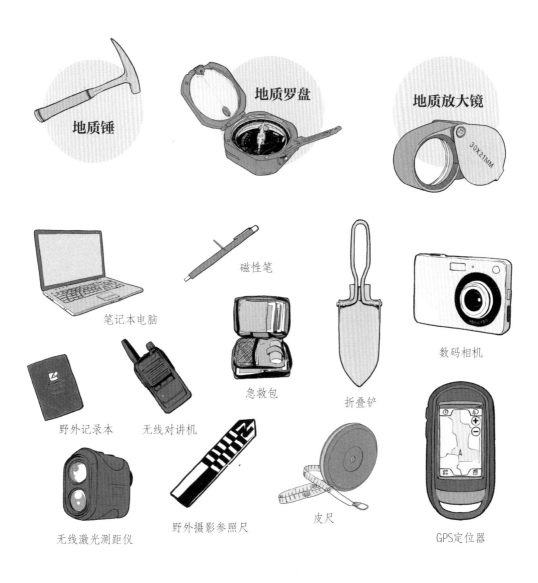

地质锤

地质罗盘

地质放大镜

笔记本电脑

磁性笔

数码相机

野外记录本

无线对讲机

急救包

折叠铲

无线激光测距仪

野外摄影参照尺

皮尺

GPS定位器

蜥臀类

蜥脚型类

原始蜥脚型类

腕龙

泰坦巨龙类

雷龙

兽脚类

异特龙

霸王龙

伶盗龙

腔骨龙

鸟类

鸟臀类

鸟脚类

埃德蒙顿龙

禽龙

甲龙类

甲龙

剑龙类

剑龙

角龙类

三角龙

肿头龙类

肿头龙

威廉·巴克兰

William Buckland

1784—1856

英国地质学家

吉迪恩·曼特尔

Gideon Mantell

1790—1852

英国医生、古生物学家

理查德·欧文

Richard Owen

1804—1892

英国生物学家

查尔斯·狄更斯

Charles Dickens

1812—1870

英国作家

托马斯·赫胥黎

Thomas Henry Huxley

1825—1895

英国生物学家、思想家

奥斯尼尔·马什

Othniel Charles Marsh

1831—1899

美国古生物学家

爱德华·柯普

Edward Cope

1840—1897

美国古生物学家

格哈德·海尔曼

Gerhard Heilmann

1859—1946

丹麦古生物学家

柯南·道尔

Arthur Conan Doyle

1859—1930

英国作家

罗伊·安德鲁斯

Roy Chapman Andrews

1884—1960

美国探险家、博物学家、作家

杨锺健

C. C. Young

1897—1979

中国古生物学家

路易斯·阿尔瓦雷茨

Luis W. Alvarez

1911—1988

美国物理学家

布莱恩·奥尔迪斯

Brian Aldiss

1925—2017

英国科幻作家

约翰·奥斯特罗姆

John Ostrom

1928—2005

美国古生物学家

威廉·克莱门斯

William Clemens

1932—2020

美国古生物学家

罗伯特·巴克

Robert Bakker

1945—

美国古生物学家

周忠和

Zhou Zhonghe

1965—

中国古生物学家

徐星

Xu Xing

1969—

中国古生物学家

同学们，在本书中，我们提到了很多恐龙的名称。现在，让我们一起认识一些恐龙的学名，你会发现它们有些共同点！

古生物学　Paleontology

恐龙　dinosaur

中生代　Mesozoic

三叠纪　Triassic

侏罗纪　Jurassic

白垩纪　Cretaceous

泛大陆　Pangaea

泛大洋　Panthalassa

冷血动物　cold-blooded animal

温血动物　warm-blooded animal

适应性辐射　adaptive radiation

比较生物学　comparative biology

海龙　Thalattosaur

鱼龙　Ichthyosaur

蛇颈龙　Plesiosaur

翼龙　Pterosaur

生物大灭绝　Mass Extinction

主龙类　Archosaurs

爬行动物　Reptile

基干爬行动物　Stem Reptiles

兽孔类　Therapsids

下孔类　Synapsids

鳞龙类　Lepidosauria

无脊椎动物　Invertebrate

脊椎动物　Vertebrate

两栖动物　Amphibian

鸟类　bird

蜥蜴　lizard

鳄鱼　alligator

哺乳动物　Mammal

猛犸象　*Mammuthus*

卞氏兽　*Bienotherium*

蜥臀类　Saurischia

蜥脚型类　Sauropodomorpha

蜥脚类　Sauropoda

兽脚类　Theropoda

鸟臀类　Ornithischia

鸟脚类　Omithopoda

角龙类　Ceratopsia

甲龙类　Ankylosauria

剑龙类　Stegosauria

肿头龙类　Pachycephalosauria

异齿龙类　Heteroaontosaurus

原始盾甲龙类　Thyreophorans

斑龙（巨齿龙）　*Megalosaurus*

禽龙　*Iguanodon*

始盗龙　*Eoraptor*

剑龙　*Stegosaurus*

肿头龙　*Pachycephalosaurus*

雷龙　*Brontosaurus*

梁龙　*Diplodocus*

腕龙　*Brachiosaurus*

马门溪龙　*Mamenchisaurus*

腔骨龙　*Coelophysis*

霸王龙　*Tyrannosaurus*

永川龙　*Yangchuanosaurus*

异特龙　*Allosaurus*

阿根廷龙　*Argentinosaurus*

华阳龙　*Huayangosaurus*

鸭嘴龙　*Hadrosaurus*

埃德蒙顿龙　*Edmontosaurus*

山东龙　*Shantungosaurus*

三角龙　*Triceratops*

肿头龙　*Pachycephalosaurus*

原角龙　*Protoceratops*

窃蛋龙　*Oviraptor*

美颌龙　*Compsognathus*

始祖鸟　*Archaeopteryx*

中华龙鸟　*Sinosauropteryx*

中国鸟龙　*Sinornithosaurus*

近鸟龙　*Anchiornis*

尾羽龙　*Caudipteryx*

小盗龙　*Microraptor*

寐龙　*Mei long*

许氏禄丰龙　*Lufengosaurus huenei*

青岛龙　*Tsintaosaurus*

棘鼻青岛龙　*Tsintaosaurus spinorhinus*

后 记

在图书市场上，关于恐龙的科普书可谓琳琅满目，既有大量由国外引进的中文译本，也有少量本土作者的原创作品。为什么我还要来凑这个热闹？因为长期以来，我一直想写一本与众不同的恐龙科普书——现在总算如愿以偿了。

市面上的恐龙科普书基本上大同小异，我称之为传统作品。而你手中的这本恐龙书是我为大家量身定做的，并且与该套书的其他分册格调完全一致，着重强调科学、人文、通识、视野。这是一位终生从事古生物学研究和教学的老兵，将其一生的知识积累与感悟，毫无保留地呈现出来，与读者分享。目的不仅在于丰富你们的知识储备，而且试图"授人以渔"，让你们洞悉一线科研人员的方方面面。更重要的是，希望能借此激发读者对科学研究的热情，以期使此类读者及早思考自己的人生目标和职业规划。

在与我同龄的中外同事中，我是有幸见过所有中国古脊椎动物与古人类学前辈科学家的少数人之一。我进中国科学院古脊椎动物与古人类研究所时，杨（锺健）老、裴（文中）老和贾（兰坡）老都还健在；杨老逝世后，周明镇先生曾指派我协助杨老夫人（王国祯）整理出版《杨锺健回忆录》。我有责任把我了解的历史写下来，因为中国是恐龙大国、中国的恐龙研究在国际上享有盛誉、杨老是中国恐龙研究的奠基人。

像往常一样，我想借此机会感谢多年来鼓励与支持我进行科普创作的国内师友：张弥曼院士、戎嘉余院士、周忠和院士、沈树忠院士、朱敏院士、王原、张德兴、徐星、张劲硕、史军、严莹、蒋青、吴飞翔、郝昕昕等；还有美国师友们：Jay Lillegraven, Hans-Peter Shultze, Jim Hopson, Jim Beach, Bob Timm, David Burnham 等。感谢徐星、王原两位教授为本册提供了多幅珍贵图片。特别感谢周忠和院士和王原馆长拨冗审读全书，使我避免了一些令人尴尬的错误。文中尚有不足之处，均是本人责任。

最后，我需要感谢你们——多年来忠实的小读者们，你们的厚爱是我创作的永恒动力。我们下册再见！

品牌介绍

　　知识无边界，学科划分不是为了割裂知识。中国自古有"多识于鸟兽草木之名""究天人之际，通古今之变"的通识理念，西方几百年来的科学发展历程也闪烁着通识的光芒。如今，通识正成为席卷全球的教育潮流。

　　"科学＋"是青岛出版社旗下的少儿科普品牌，由权威科学家精心创作，从前沿科学主题出发，打破学科界限，带领青少年在多学科融合中感受求知的乐趣。

　　苗德岁教授撰写的系列图书涉及地球、生命、人类进化、自然环境、生物多样性等主题，为"科学＋"品牌推出的首批作品。